LE

PETIT BUFFON

DES ENFANS.

LE
PETIT BUFFON
DES ENFANS,

ou

EXTRAIT
D'HISTOIRE NATURELLE

DES QUADRUPÈDES, REPTILES,
POISSONS ET OISEAUX.

Avec figures en taille-douce.

A LYON,
CHEZ RUSAND, LIBRAIRE, IMPRIMEUR DU CLERGÉ.
A PARIS,
A LA LIBRAIRIE ECCLÉSIASTIQUE DE RUSAND,
rue du Pot-de-Fer Shint-Sulpice, n.º 8.
1829.

Pl. 1.

1. l'Ane. 2 le Chien. 3 le Loup. 4 le Chat.

LE
PETIT BUFFON
DES ENFANS.

LES QUADRUPÈDES, LES REPTILES, LES POISSONS ET LES
OISEAUX.

L'ANE.
(*Planche 1. Figure 1.*)

CET animal est d'une grande utilité à
la campagne et au moulin. Il est assez
fort pour porter des fardeaux considérables : il mange peu, et n'est pas délicat sur la qualité de la nourriture.

Malgré son utilité, l'Ane est un objet
de mépris, parce qu'il est lent, indo-
cile et têtu.

LE CHIEN.

(*Planche I. Figure 2.*)

Outre la force, la vitesse et la légèreté, le Chien a par excellence toutes les qualités intérieures qui peuvent fixer les regards de l'homme. Son courage et son ardeur cèdent au désir de plaire et à celui de s'attacher. Avant de faire usage de ses talens, il attend avec soumission le commandement de son maître.

Sans avoir, comme l'homme, la lumière de la pensée, il a toute la chaleur du sentiment et toute la pureté des affections. Plus sensible au souvenir des bienfaits qu'à celui des outrages, il ne se rebute pas par les mauvais traitemens; et loin de s'irriter ou de fuir, il s'expose lui-même à de nouvelles épreuves, pour désarmer par la patience la main qui vient de le frapper. Il fallait à l'homme ce compagnon fidèle pour soumettre des animaux plus agiles et plus forts que lui qui l'environnent.

Mille exemples prouvent l'attachement et la sagacité de cet animal. Un homme déguisé d'une manière ridicule, un jour de carnaval, fut mordu par son Chien, qui d'abord ne le reconnut pas. Revenu de son erreur, le pauvre animal alla se cacher au fond d'un cellier où il mourut de douleur, quelques caresses que lui fît son maître pour le déterminer à revenir.

Le trait suivant est arrivé de nos jours. Un habitant de Valenciennes meurt ; son Chien suit le convoi et reste sur la tombe de son maître. Au bout de quinze jours, sa constance fit naître à des jeunes gens le projet de construire une cabane à ce gardien fidèle. Il passa neuf ans sans s'écarter de plus de douze ou quinze pas, du poste que son cœur lui avait assigné.

I.

LE LOUP.

(*Planche I. Figure* 3.)

Le Loup serait redoutable, s'il avait autant de courage que de force ; mais il faut que la faim le presse pour qu'il s'expose au danger. Cet animal carnassier vit de chasse et de rapine : comme il est lourd et poltron, la plupart des animaux qu'il poursuit lui échappent. Quelquefois le besoin lui inspire des ruses ; mais lorsqu'elles ne réussissent pas, il meurt de faim et souvent enragé.

Ennemi de toute société, s'il se réunit à ceux de son espèce, ce n'est que pour les rendre complices des meurtres qu'il ne pourrait exécuter seul ; la malheureuse proie une fois partagée, chacun se retire en grondant et d'un air sombre, comme si le remords l'accompagnait.

Ce proverbe : *Les Loups ne se mangent pas* , manque d'exactitude ; car quand un loup blessé perd son sang , les Loups voisins , souvent ses frères , attirés par l'odeur, le poursuivent, l'attaquent et le dévorent. Ces animaux sont en tout le symbole des méchans , qui , après avoir fait la guerre aux bons et aux faibles , finissent par s'entre-détruire.

Le Loup peut rester plusieurs jours sans manger , pourvu qu'il trouve à boire. La longueur entière de son corps est d'environ trois pieds et demi. Il a les sens , et surtout l'odorat excellent.

On trouve des Loups en Europe , en Asie, en Afrique , et même en Amérique; ils sont plus ou moins gros dans ces différentes contrées , et leur couleur, ordinairement fauve , varie depuis le blanc jusqu'au noir.

LE CHAT.

(*Planche I. Figure* 4.)

Le Chat est d'un caractère tout opposé à celui du chien, il se familiarise, mais il ne s'attache point. Tout chez lui est faussété et perfidie. L'éducation peut déguiser ses défauts, mais ils n'en sont que plus odieux sous le masque de l'hypocrisie. C'est un ennemi domestique avec lequel on vit, pour l'opposer à un autre ennemi plus incommode.

Le jeune Chat est le plus enjoué de tous les animaux; mais à mesure qu'il grandit, il perd tout ce que ses manières ont d'aimable.

Cet animal est propre, léger et joli. Naturellement porté à la destruction et à la rapine, il n'emploie que la surprise pour se rendre maître de sa proie, et la met à mort sans nécessité, sans être pressé par la faim.

Pl. 2.   Page 7.

1 le Renard. 2 l'Écureuil. 3 le Chamois.
4 la Chauvesouris. 5 la Souris. 6 le Rat.
7 le Hérisson.

LE RENARD.

(*Planche II. Figure 1.*)

CE que le loup fait par la force, le Renard le fait par la ruse, et réussit mieux ; mais sa finesse est toujours accompagnée de bassesse et de méchanceté. Il commence par creuser, à l'entrée d'un bois, une demeure souterraine, pour se mettre en sûreté avec sa famille. De là il entend les coqs des villages voisins ; et, dirigé par leurs voix, il vient la nuit rôder doucement autour des basses-cours. S'il peut pénétrer dans un poulailler, il met toutes les volailles à mort, et les emporte les unes après les autres dans son terrier. Son adresse est telle, qu'il surprend les oiseaux qui voltigent le long des haies.

Cet animal vorace détruit les lapereaux, les levrauts, et saisit même quelquefois les lièvres au gîte. Quand il trouve une caille ou une perdrix sur ses œufs, il mange la mère et les enfans à naître.

Pressé par la faim, il dévore des mulots, des grenouilles ; il se nourrit aussi d'insectes, de fruits et de miel.

Sa peau mue quand il est pris jeune ou pendant l'été. En France il est ordinairement de couleur rousse, avec la gorge mêlée de blanc et de noir ; mais on connaît dans le Nord, le Renard blanc, le noir, le bleu, le gris de toutes nuances, le blanc à pieds fauves, le blanc à tête noire, etc. Sa longueur moyenne est de deux pieds trois pouces.

L'ÉCUREUIL.

(*Planche II. Figure* 2.)

L'ÉCUREUIL a les mœurs douces ; et quoiqu'il saisisse quelquefois les petits oiseaux qui se trouvent à sa portée, il ne vit pas communément de chair. La noisette, le gland, la faîne et autres fruits sauvages sont sa nourriture ordinaire. Aussi propre qu'il est agile, il se fait un ornement de sa large queue qu'il relève sur son corps et sur sa tête en forme de panache. Quand il est obligé de passer l'eau, cette même queue sert de voile et de gouvernail, pour diriger une écorce d'arbre qui forme comme un vaisseau.

Toujours en l'air, il ressemble aux oiseaux par sa légèreté. Au moyen de ses ongles qui sont très-aigus, il grimpe sur l'écorce la plus lisse, et parcourt les forêts en sautant lestement d'un arbre sur l'autre. Comme il n'est qu'à demi sauvage, il semble aussi n'être quadrupède (1) qu'à demi. Assis sur les pieds de derrière et presque debout, il se sert de ceux de devant comme de mains pour porter à sa bouche.

_____

(1) Quadrupède, animal à quatre pieds.

Un petit grognement d'un ton aigu , est le signe de son mécontentement.

L'Ecureuil semble craindre le soleil , et ne quitte sa demeure que sur le soir , pour prendre de la nourriture ou pour jouer. Il construit son nid sur l'enfourchure d'une branche , dans les plus hautes futaies , et lui donne assez d'espace et de solidité pour s'y loger avec sa famille à naître. La femelle met bas au printemps trois ou quatre petits. Cet animal est beaucoup plus nombreux dans le Nord que dans tout autre climat. On fait des pinceaux avec le poil de sa queue.

LE CHAMOIS.

(*Planche II. Figure* 3.)

LE Chamois , que l'on nomme aussi Ysard , est plus grand que la chèvre , et ressemble beaucoup au cerf pour la forme du corps. De chaque côté de sa face sont deux bandes de poils noirs, qui tranchent sur un fauve blanchâtre. Cet animal porte en hiver une double fourrure, comme presque tous les animaux du Nord, et sa couleur varie suivant la saison, depuis le gris cendré jusqu'au brun noirâtre. Le mâle et la femelle ont deux cornes longues de six ou neuf pouces, placées fort en avant, droites jusqu'à certaine hauteur, et recourbées en arrière à la pointe. Ces cornes ne tombent jamais : elles croissent chaque année d'un anneau, comme il arrive à tous les animaux de l'espèce des chèvres.

Le Chamois habite les montagnes les plus escarpées : ses jambes, longues et nerveuses, lui donnent la facilité de franchir les précipices, et de s'élancer avec une extrême légèreté de rochers en rochers, par-dessus des abîmes profonds. Sa voix est un bêlement qui approche de celui d'une chèvre enrouée ; mais lorsqu'il est surpris ou effrayé, il fait entendre un sifflement très-aigu. Il se nourrit de fleurs, des bourgeons tendres des arbrisseaux, et surtout des plantes les plus aromatiques. On l'habitue aisément à la vie domestique, quand on le prend jeune.

LA CHAUVE-SOURIS.
(*Planche II. Figure* 4.)

La Chauve-Souris n'a de commun avec les oiseaux que la faculté de voler. Ses ailes ne sont autre chose que de larges membranes qui séparent les ongles prolongés des pattes de devant. Les moucherons, les cousins, et surtout les papillons de nuit lui servent de nourriture : elle mange aussi de la viande crue ou cuite, fraîche ou corrompue.

La femelle fait en été un ou deux petits qu'elle allaite, et qu'elle transporte en volant.

Aux approches de l'hiver, les Chauve-Souris se retirent dans des cavernes, dans des réduits sombres et chauds, où elles restent jusqu'au printemps dans un engourdissement dont la cause est leur peu de chaleur intérieure. Les unes s'accrochent par les pieds à la voûte de leur domicile, et restent ainsi suspendues la tête en bas, et couvertes de leurs ailes comme d'un manteau; les autres se collent contre les murailles, ou s'enfoncent dans des trous.

On distingue plusieurs espèces de Chauve-Souris. La plus remarquable est l'Oreillard, ainsi nommé à cause de la grandeur démesurée de ses oreilles.

LA SOURIS.
(*Planche II. Figure* 5.)

Sɪ la Souris n'était pas aussi nuisible, son air vif et ses mœurs douces nous la feraient trouver agréable. Son instinct est le même que celui du rat ; mais à la moindre alerte, elle rentre dans son trou, au lieu que le rat tient quelquefois ferme, et n'est pas toujours attaqué impunément. Sa petitesse et son agilité sont les seules ressources qu'elle ait contre les nombreux ennemis qui la guettent et la poursuivent continuellement. Les Souris produisent plusieurs fois l'année, et dans toutes les saisons. Leurs petits, au nombre de cinq ou six à chaque portée, sont assez forts, au bout de quinze jours, pour se disperser et aller chercher de quoi vivre.

Un si prompt accroissement prouve que leur vie n'est pas de longue durée.

Ce petit animal suit ordinairement l'homme, parce qu'il se nourrit des alimens que l'homme prépare. Il est naturel à l'Europe, à l'Asie et à l'Afrique, mais on prétend qu'il n'existait point en Amérique.

LE RAT.

(Planche II. Figure 6.)

CET animal incommode se nourrit de tout : grains, fruits, chair, laine, étoffes, meubles., tout est de son goût; il perce même le bois et les murs pour s'y nicher et y faire son magasin. Sa fécondité est extrême. Il produit plusieurs fois par an , et toujours en grand nombre. La mère défend ses petits avec courage , en se battant contre les chats , à moins qu'ils ne soient vigoureux et aguerris.

Si quelquefois on voit une multitude de Rats disparaître tout à coup, c'est que la disette les obligeant à se détruire, ils se font une guerre cruelle , qui ne finit que par l'extinction presque totale des individus. La lettre suivante , écrite en 1757, par un officier de ma-

rine , observateur judicieux , prouve
que ces animaux , malgré leur cruauté ,
sont quelquefois des modèles de tendresse filiale.

« J'étais ce matin dans mon lit oc-
cupé à lire ; j'ai été interrompu par un
bruit semblable à celui que font les
Rats qui grimpent contre une cloison.
J'ai observé attentivement ; j'ai vu paraître un Rat sur le bord d'un trou ;
il a regardé de tous côtés , et ensuite
s'est retiré : un moment après il a re-
paru , il conduisait par l'oreille un Rat
plus gros que lui qui paraissait vieux.
L'ayant laissé sur le bord du trou ,
un autre jeune Rat s'est joint à lui ; ils
ont tous deux parcouru la chambre ,
ramassant les miettes de biscuit qui
étaient tombées de la table au souper
de la veille : ils les ont portées à celui
qui était sur le bord du trou. Cette
attention m'a étonné. J'ai observé encore

avec plus de soin : j'ai jugé que le Rat auquel les deux autres portaient à manger était aveugle, parce qu'il ne trouvait qu'en tâtonnant le biscuit qu'on lui présentait. Je n'ai point douté que les deux jeunes ne fussent les pourvoyeurs assidus d'un père affligé... Tandis que j'admirais la nature, et que je faisais des réflexions, on a ouvert la porte de ma chambre. Les deux jeunes Rats ont fait un cri, comme pour avertir l'aveugle, et malgré leur frayeur, ils n'ont voulu se sauver que quand le vieux a été en sûreté. »

On trouve des Rats de toutes les nuances, depuis le brun noirâtre jusqu'au blanc parfait. Ces animaux ont été transportés sur les navires en Asie et en Amérique où ils n'existaient pas : ils paraissent être originaires des climats tempérés de notre continent.

LE HÉRISSON.
(*Planche II. Figure 7.*)

Le Hérisson est un animal innocent et paisible , qui ne fait usage de ses armes que contre ses ennemis. Lorsqu'on l'attaque , il se roule en boule , et pré-sente de tous côtés les pointes dont il est hérissé. C'est là son unique défense , car il ne sait ni fuir ni combattre. Pour l'obliger à s'étendre , on le plonge dans l'eau.

Loin de nuire dans un jardin , il y mange les vers et les autres insectes : il se tient ou au pied des arbres, dans la mousse, ou sous des monceaux de pierres. On ne le voit pas de tout le jour , mais il marche la nuit. Son engourdissement pendant l'hiver a la même cause que celui de la chauve-souris.

Pl.3.

1. le Lion . 2 l'Ours. 3. le Tigre .
4 la Penthére .

Cet animal a les yeux petits, les oreilles larges et courtes. On remarque outre ses épines, quelques poils rudes de la nature des soies de cochon : ceux dont son ventre est couvert, sont plus doux, rares et crépus. Sa peau servait autrefois de vergette et de frottoir, ou de peigne pour sérancer le chanvre. La femelle produit au commencement de l'été quatre ou cinq petits, sur lesquels on ne voit encore que la naissance des épines. Leur couleur blanche se change, à mesure qu'ils croissent, en un gris sale et foncé.

Le Hérisson est assez généralement répandu, excepté dans les pays les plus froids.

LE LION.

(*Planche III. Figure* 1.)

LE Lion est le plus fort et le plus terrible des animaux. Il a la tête grosse

et charnue, le nez long, large et ouvert,
le front carré, et comme sillonné de
rides profondes, surtout lorsqu'il est en
fureur, les yeux vifs et perçans et les
sourcils épais. Chacune de ses mâchoires
est garnie de quatorze dents, et sa langue est couverte de pointes aussi dures
que celles de la corne.

Une longue et dure crinière, qui
devient plus belle avec l'âge, ombrage
sa tête et son cou. Il a les jambes courtes et osseuses, les pieds gros et larges.
Ceux de devant sont divisés en cinq
griffes bien articulées. Ceux de derrière
en quatre, toutes armées d'ongles forts
et pointus. Sa queue, longue d'environ
quatre pieds et extrêmement souple,
est couverte d'un poil court jusqu'à
l'extrémité qui se termine en touffe.
L'animal s'en sert pour terrasser et briser l'ennemi qu'il veut étreindre.

Le rugissement du Lion est sa voix
ordinaire. Il est effrayant. C'est une

espèce de grondement d'un ton grave,
mêlé d'un frémissement aigu ; mais le cri
qui exprime sa colère est plus terrible
encore. Ce cri est court et réitéré subi-
tement. Alors il se bat les flancs avec sa
queue, il en frappe la terre, dresse sa
crinière, et montre ses dents mena-
çantes et sa langue armée de pointes.

Sa plus grande taille est d'environ huit
pieds de longueur sur quatre de hauteur.
La femelle, plus petite dans toutes ses
dimensions, ne porte point de crinière.
Ses traits moins prononcés, ou plutôt
radoucis, indiquent des inclinations plus
douces. Sa force est dans l'amour mater-
nel. Dès qu'elle a des petits, elle ne connaît plus de danger, elle se jette indifféremment sur les hommes et sur les
animaux, quel que soit leur nombre.

Le moyen de se débarrasser d'une
Lionne, lorsqu'on est surpris à lui enlever ses Lionceaux, est de lui en abandon-
ner un, qu'elle court aussitôt porter à sa
caverne.

contre son bienfaiteur; mais il conserve long-temps le souvenir des injures, et paraît en méditer la vengeance. L'histoire nous parle de Lions conduits à la guerre ou menés à la chasse, et qui, fidèles à leur maître, ne déployaient leur force et leur courage que contre ses ennemis. A Rome, on en vit d'attelés à des chars. Parmi une foule d'exemples touchans, nous choisirons celui de la Lionne du fort Saint-Louis, en Afrique.

Une belle Lionne que l'on gardait enchaînée pour l'envoyer en France, fut atteinte d'un mal violent à la mâchoire, qui la priva de la faculté de manger : comme on désespérait de sa guérison, on lui ôta sa chaîne, et on jeta le corps dans un champ voisin. Ses yeux étaient fermés, et sa gueule ouverte était déjà remplie de fourmis, lorsqu'un Français, nommé Compagnon, l'aperçut en revenant de la chasse. Compagnon croyant

trouver

trouver quelque reste de vie dans ce pauvre animal , lui lava le gosier avec de
l'eau , et lui fit avaler un peu de lait. Un
remède si simple eut des effets merveil-
leux. La Lionne fut rapportée au fort ;
on en prit tant de soins, qu'elle se ré-
tablit par degrés. N'oubliant jamais à
qui elle était redevable d'un si grand ser-
vice , elle conçut une telle affection pour
son bienfaiteur , qu'elle ne voulut rien
prendre que de sa main ; et lorsqu'elle
fut tout-à-fait guérie , elle le suivait dans
l'île , avec un cordon au cou , comme le
chien le plus familier. Tel est le pouvoir
des bienfaits sur les caractères même les
plus farouches.

Le Lion que l'on voit dans la ménagerie attenante au jardin des Plantes à
Paris, fut pris très-jeune en Afrique ,
et élevé dans le pays avec un chien de
son âge. Au bout de quelque temps , ces
deux animaux furent envoyés en France.
Ils arrivèrent à Versailles en septembre

1788 ; on les enferma dans la même loge. Ils avaient alors sept à huit mois. Libres dans la maison de leur maître, se nourrissant des restes de sa table, et partageant également ses caresses, ces animaux, d'une espèce différente et d'un caractère si opposé, s'étaient liés d'une affection mutuelle.

A son arrivée en France, le Lion rendait, comme son ami, caresses pour caresses : on ne craignait point de l'approcher ; mais aigri sans doute par la captivité, sa férocité naturelle ne tarda pas à se montrer, et se développa entièrement avec l'âge. Fidèle à celui qui le soignait, il ne cessa point cependant de lui témoigner sa reconnaissance. La dentition qui avait fait périr tous les lionceaux qu'on avait conduits jeunes à la ménagerie de Versailles, n'eut pas pour celui-ci des suites fâcheuses ; mais il éprouva bientôt un autre accident : une épine lui entra dans les chairs, et

l'aurait fait mourir si on ne l'eût opéré.
La griffe fut coupée, le pus en sortit,
et l'animal guérit. Il supporta cette opé-
ration avec assez de docilité. Son trans-
port à la ménagerie de Paris, qui s'ef-
fectua au commencement du printemps
dernier, n'éprouva pas plus de diffi-
culté. On le mit dans une cage destinée
à changer les animaux de loge; son
chien, attaché à un des barreaux, le
suivait dans la même voiture. La même
prison les reçut à leur arrivée.

C'est là qu'on voit ce bel animal dans
la plénitude de sa force et de sa vi-
gueur. Parvenu à sa septième année,
il a acquis toute sa croissance. Malgré
sa longue captivité, sa figure est toujours imposante, et son regard fier et
étincelant. Du fond de sa prison, il
semble encore commander à tout ce qui
l'approche.

Sa taille tient le milieu entre celle de
la moyenne et de la grande espèce des

Lions ; il a six pieds et demi de longueur , sur trois pieds deux pouces de
hauteur. Une crinière épaisse couvre sa
tête et la partie antérieure de son corps,
qui est tout nerf et tout muscle. La couleur de sa robe, d'un fauve-ardent sur
un fond obscur, donne encore plus
de feu à l'expression de ses traits et de
ses mouvemens ; mais à travers cette
expression terrible, se peint la sensibi-
lité d'un caractère cultivé par les bienfaits, et adouci par les jouissances de
l'amitié. Sa nourriture actuelle est de
la viande de cheval ; on lui en donne
environ quinze livres par jour ; il la
prend entre ses griffes, la déchire avec
ses dents , la suce et l'avale.

Deux fois le jour, pour l'ordinaire,
le matin et le soir , sa voix tonnante se
fait entendre , et il semble alors ne
vouloir que donner un exercice salu-
taire à ses poumons. Rarement il rugit
dans d'autres temps , à moins qu'il ne

soit provoqué par des cris. Si le ciel se couvre de nuages, il rugit plusieurs fois, et ses rugissemens précèdent la tempête : quand elle éclate, il se tait. La même observation a été faite par les voyageurs qui ont parcouru l'Afrique.

Nous l'avons vu prodiguer à son chien les plus tendres caresses ; celui-ci les recevait et les rendait sans crainte comme sans défiance. Sa gaîté naturelle, son air franc et ouvert tempéraient l'humeur grave et le sérieux du plus terrible des animaux.

Souvent il se jetait sur sa crinière et lui mordait les oreilles en jouant ; le Lion baissait la tête pour se prêter à ses jeux ; la foule qui l'entourait, les objets nouveaux qui passaient sans cesse devant ses yeux, rien ne pouvait le distraire de la société de son chien. Cherchait-il le repos ? c'était à ses côtés qu'il aimait à dormir : à son réveil, c'était encore lui qu'il voulait

2.

revoir. Les repas seuls suspendaient un moment cette intimité. Alors chacun s'écartait pour recevoir sa portion, et l'un n'osait porter atteinte à la propriété de l'autre, pas même le convoiter des yeux.

Une paix si touchante était cependant troublée quelquefois par ceux mêmes qui venaient en jouir, et qui auraient dû la respecter. Des morceaux de pain jetés à travers les barreaux de la loge, devenaient un sujet de discorde; le chien s'en emparait avec une extrême vivacité; et si le Lion faisait un mouvement, il se jetait sur lui, et le mordait à la tête, au point d'en faire couler le sang. Le Lion alors se contentait d'écarter avec sa patte son injuste ami. Au reste, ces orages n'étaient que passagers : le Lion se livrait rarement à la colère, et le chien revenait bientôt de ses emportemens.

Depuis quelques mois le chien est

mort d'une galle qu'il avait contractée
en couchant le dos appuyé contre un
mur humide , et dont on s'est aperçu
trop tard. Dans les premiers instans
de sa douleur , le Lion a poussé de
sombres rugissemens , puis il est tombé
dans une profonde tristesse. Pour lui
donner le change , on a choisi un
autre chien de la même taille et de
la même couleur que le premier , qu'on
a essayé de lui faire adopter ; mais ce
chien à peine introduit dans la loge ,
a été étranglé avec fureur. De nouvelles tentatives auraient été également
infructueuses. Ce n'était pas un chien
que le Lion regrettait , c'était un ami.
Le temps qui efface tout , a calmé sa
douleur , et lui a rendu la santé et
les forces ; mais il n'a pu anéantir ses
regrets. Encore à présent, le sentiment
de sa perte se renouvelle et s'aigrit à la
vue d'un chien qui passe, et il ne re-
devient paisible que lorsque cette image
douloureuse a disparu.

L'OURS.

(*Planche III. Figure* 2.)

L'Ours est non-seulement sauvage, mais solitaire. Les lieux inhabités sont les seuls où il se trouve à son aise. Il se retire dans des cavernes et dans des arbres creux, où il se construit, avec des branches et de la terre, une espèce de cabane qu'il sait rendre impénétrable à la pluie.

Cet animal a les oreilles courtes, la peau épaisse et le poil fort touffu. Ses jambes et ses bras sont charnus comme ceux de l'homme. Il frappe comme l'homme, avec ses poings; mais cette ressemblance grossière ne sert qu'à le rendre plus difforme. En automne, il est excessivement gras; mais comme il se recèle pendant environ quarante jours sans s'engourdir, durant la

saison la plus rigoureuse , et qu'il
passe tout ce temps sans manger, il
est fort maigre à la fin de l'hiver.
Quoique trop grasse , sa chair est
mangeable. Celle de l'Ourson est délicate, et sa graisse est aussi douce que
le meilleur beurre. La voix de l'Ours
est un murmure souvent mêlé d'un
frémissement de dents , qu'il fait surtout entendre lorsqu'on l'irrite. Quoiqu'il paraisse doux pour son maître , et
même obéissant quand il est apprivoisé , il faut toujours s'en défier. On
lui apprend à se tenir debout , à ges-
ticuler, à danser : il semble même écou-
ter le son des instrumens et suivre gros-
sièrement la mesure : mais pour lui
donner cette espèce d'éducation , il faut
le prendre jeune. La femelle produit en
hiver deux , trois ou quatre petits. De
toutes les fourrures grossières , la peau
de cet animal est celle qui a le plus de
prix.

On connaît trois espèces d'Ours·
l'Ours brun ou roux est carnassier et
féroce ; on le trouve dans tous les climats de l'ancien continent. L'Ours noir,
qui est le plus grand de tous, n'est que
farouche et refuse de manger de la
chair. L'Ours blanc terrestre, dont les
mœurs n'ont point encore été trop
observées, se trouve en Moscovie, en
Tartarie, et dans d'autres contrées septentrionales.

L'Ours marin, qui est blanc aussi,
ne quitte pas les rivages. Souvent même
il habite en pleine mer sur des glaçons
flottans. Il se nourrit de poissons.

LE TIGRE.

(*Planche III. Figure* 3.)

Le Tigre n'est pas aussi fort que le
lion, mais il est plus à craindre,
parce qu'il est plus féroce. Qu'il soit

rassasié ou à jeun, il n'épargne aucun animal, et ne quitte une proie que pour en égorger une autre, et se plonger de nouveau la tête dans le sang. Heureusement l'espèce n'en est pas nombreuse : elle est confinée dans les parties les plus brûlantes de l'Afrique et de l'Asie. La femelle produit, comme la lionne, quatre ou cinq petits : elle est alors encore plus furieuse que le mâle, et sa rage n'a point de bornes lorsqu'on les lui ravit.

Le naturel du Tigre est indomptable. Dans la captivité, il déchire la main qui le nourrit, comme celle qui le frappe. Son rugissement est sourd et comme engouffré. On peut s'en former une idée par le grondement du chat, lorsqu'il tient sa proie. Le Tigre ordinaire est de la taille d'un grand lévrier ; tous ses mouvemens sont vifs et agiles. Il a la tête semblable à celle d'un chat, les yeux jaunes et féroces, le regard malin, les dents pointues, et la langue extrê-

mement rude. Sa peau marquée de larges bandes noires sur un fond fauve,
qui commencent sur le dos et se rejoi-
gnent sous le ventre, offre un coup
d'œil agréable. Son poil est doux et
luisant ; celui qui couvre sa longue
queue, est fort court. Ses jambes sont
courtes, mais souples et fortes. Il peut,
comme le chat, retirer et cacher les
ongles dont ses pieds sont armés.

Les Tigres de la grande espèce, qui
sont très-rares, ont quelquefois jusqu'à
dix pieds de longueur, sans y comprendre la queue. Ils sont si forts, que
quand ils ont mis à mort quelque grand
animal, comme un buffle, un cheval,
ils l'emportent avec tant de vitesse, que
leur course n'en paraît pas ralentie.

On voit un jeune Tigre empaillé dans
le Muséum d'Histoire naturelle de Paris.

LA

LA PANTHÈRE.

(*Planche III. Figure 4.*)

LA Panthère ressemble , pour la tour-
nure , à un dogue de forte race , excepté
qu'elle est plus basse de jambes. Elle a
le regard cruel , les mouvemens brus-
ques et l'air, inquiet. Sa langue est rude ,
et ses mâchoires sont armées de dents
fortes et aiguës. Sa peau , fauve sur le
dos et blanchâtre sous le ventre , est
parsemée de grandes taches noires cir-
culaires ou ovales , bien séparées les unes
des autres. Ces taches sont pleines sur
la tête, la poitrine , le ventre , les jambes et la base de la queue : sur le dos ,
elles sont évidées dans leur milieu , ou
remplies d'une ou plusieurs petites mar-
ques noires , qui occupent le centre. La
queue , longue d'environ deux pieds et
demi , est couverte à son extrémité d'anneaux alternativement noirs et blancs.

3

Cet animal ne se trouve que dans les contrées les plus chaudes de l'Asie et de l'Afrique. Il habite les forêts touffues, et s'approche des habitations isolées pour surprendre les animaux; mais rarement il attaque l'homme. Malgré sa férocité, on le dompte et on le dresse pour la chasse.

LE LÉOPARD.

(Planche IV. Figure 1.)

Le Léopard tient le milieu, pour la grandeur, entre l'Once et la Panthère, ayant à peu près quatre pieds de longueur, et sa queue deux pieds et demi. Quoiqu'il soit sujet à varier pour les couleurs, on peut dire, en général, qu'il est d'un fauve plus ou moins foncé, ayant le ventre blanchâtre. Ses taches sont en cercle, comme celles de la Panthère, mais plus petites, plus irrégu-

Pl. 4

1. le Léopard. 2 le Linx. 3 l'Éléphant.
4 le Lièvre.

lières , et assez communément formées de cinq ou six petites taches pleines.

Cet animal attaque indifféremment les hommes et les animaux , et désole les pays qu'il habite. Il ne paraît pas qu'on ait jamais pu le dompter ni le dresser pour la chasse. Son regard est cruel , et ses yeux sont dans un mouvement continuel. Il a les dents très-fortes et les ongles aigus et tranchans. On le trouve dans les mêmes contrées que le tigre et la panthère. Quoiqu'il multiplie beaucoup , l'espèce n'en est pas nombreuse , parce qu'il a le tigre pour ennemi.

LE LYNX.

(*Planche IV. Figure* 2.)

Le Lynx , que l'on nomme aussi Loup-Cervier , parce que son hurlement approche de celui du loup, et qu'il est marqué de taches qui ressem-

3.

blent à celles des jeunes cerfs , a la forme
et les habitudes du chat. Il se trouve
dans les parties septentrionales de l'un
et de l'autre continent. Sa couleur est
fauve clair , avec des taches noirâtres
mal terminées , mais mieux marquées
dans le mâle que dans la femelle. Il a la
taille du renard , la queue très-courte ,
le poil long et doux , les oreilles grandes
avec un pinceau de poils noirs à l'extrémité , et l'œil si perçant, qu'on le cite
comme proverbe. Cet animal se tient
sur les arbres , et donne la chasse aux
écureuils , aux chats sauvages , aux
martres , aux oiseaux , et se précipite
sur le chevreuil , le lièvre et les autres
animaux qui passent à sa portée.

L'ÉLÉPHANT.

(*Planche IV. Figure* 3.)

L'ÉLÉPHANT surpasse en grosseur tous
les quadrupèdes connus. Sa tête est mons-

trueuse, ses oreilles sont longues, larges et épaisses. Ses yeux, quoique
grands, paraissent petits proportion-
nellement au reste du corps; mais ils
sont vifs et spirituels. Son nez, qu'on
appelle trompe, est une espèce de tuyau
flexible en tous les sens, et assez long
pour toucher à terre. C'est avec le rebord de cette trompe, qui forme comme
un doigt, qu'il peut saisir les choses les
plus petites, dénouer des cordes, débou-
cher une bouteille, etc., faire, en un
mot, tout ce qu'on fait avec la main. Ce
même instrument, quand il en élargit
l'extrémité, lui sert à embrasser de
grosses bottes d'herbes et les élever jusqu'à sa bouche, en le retirant de ce côté.
Pour boire, il s'en sert comme d'une
pompe. Sa langue est d'une petitesse qui
n'a point de proportion avec la masse du
corps. Il n'a dans chaque mâchoire que
quatre dents pour broyer sa nourriture;
mais la nature lui a donné pour sa dé-

fense deux autres dents en forme de cro-
chets, qui sortent de la mâchoire supérieure, et qui sont longues de plusieurs
pieds. Ce sont ces dents que les artistes
emploient si avantageusement sous le
nom d'ivoire, et dont les peintres tirent
leur beau noir, en les faisant brûler.
Une seule pèse quelquefois plus de cent
livres : elles croissent avec l'âge. Un
gros Eléphant contient plus de chair
que quatre ou cinq bœufs. Leur mesure
ordinaire est de neuf à dix pieds de long
sur onze ou douze de hauteur. Celui qui
mourut à la ménagerie de Versailles en
1681, était de la petite taille ; cependant l'anatomiste qui le disséqua, entrait tout entier dans son corps, et y
travaillait comme dans une chambre.
Pour avoir une idée de la force de cet
animal, il n'y a qu'à se figurer qu'il
ébranle la terre sous ses pas ; qu'avec sa
trompe il arrache des arbres ; que d'une
autre secousse il fait brêche dans un

mur, et qu'il peut porter sur son dos une tour armée en guerre et chargée de combattans. Seul il fait mouvoir des machines, et transporte des fardeaux que six hommes ne pourraient remuer. Quoiqu'il ait les jambes fort épaisses et les pieds monstrueux, son pas ordinaire égale celui de l'homme le plus agile; aussi fait-il quinze à vingt lieues par jour, et plus de trente quand on le presse; mais avec une conformation aussi embarrassante, il ne peut aimer le mouvement. Celui qui le conduit, lui fait comprendre ses volontés en le frappant derrière la tête, sur la partie de son crâne qui a le moins d'épaisseur.

La couleur ordinaire des Eléphans est d'un gris noirâtre. Il y en a aussi de blancs et de rouges. Leur peau dure et ridée n'offre que quelques polis rudes, répandus par intervalles et sans aucune continuité. La houppe de filets solides et luisans qui termine leur queue, leur sert à se délivrer des mouches.

Comme les Éléphans privés ne multiplient point, on n'a pas de certitude sur
la durée de leur vie. On soupçonne seulement qu'ils doivent aller à plus de
cent cinquante ans. La femelle ne produit qu'un petit qui tète, non par la
trompe, comme on l'avait cru, mais par
la bouche, comme tous les autres animaux.

L'espèce de l'Éléphant est généralement répandue dans toutes les contrées
méridionales de l'Afrique et de l'Asie.
Dans l'état sauvage, il se nourrit d'herbes, de feuillages, de fruits, de graines
et de jeunes pousses d'arbres. Quoiqu'il
puisse passer plusieurs jours sans prendre d'alimens, lorsqu'il se trouve dans
l'abondance il mange prodigieusement.
La nourriture de celui de la ménagerie, quoiqu'il fût de la petite espèce,
consistait en quatre-vingts livres de pain
par jour, douze pintes de vin, et deux
seaux de potage, où il entrait quatre

ou cinq livres de pain , sans compter ce
que lui jetaient les personnes qui venaient le voir. Ces animaux ont plusieurs ennemis , tels que le lion , le tigre, le rhinocéros , et certains serpens.
Quoiqu'ils soient timides, si l'on vient
à les harceler dans un endroit où ils
aient la liberté de se tourner , leur
trompe est un instrument de vengeance
terrible , et l'ennemi qu'ils saisissent
ne peut éviter d'être écrasé ou mis en
pièces. Pour les blesser mortellement ,
il faut les frapper entre les yeux et les
oreilles ; ailleurs leur peau résiste aux
balles du mousquet. La manière de les
prendre mérite une attention particulière. Au milieu des forêts , et dans un
lieu voisin de ceux qu'ils fréquentent ,
on choisit un espace qu'on environne
d'une forte palissade , et on les y fait
entrer en les épouvantant par des cris ,
des pétards , des tambours et des torches
allumées. D'autres fois on leur jette

3..

aux jambes des lacs de cordes très-fortes; et lorsqu'on a rencontré un arbre assez gros pour y fixer sûrement les cordes, on amène des Eléphans privés, qui harcèlent les éléphans sauvages avec leur trompe, jusqu'à ce qu'ils se soient laissé conduire au lieu qu'on leur destine.

Les nègres d'Afrique, qui n'en veulent qu'à leur chair, les attrapent dans des fosses profondes, couvertes seulement d'un peu de terre et de branches.

L'Eléphant est presque aussitôt apprivoisé que vaincu. Quinze jours suffisent pour lui apprendre tous les exercices qu'on demande de lui. Du reste, s'il est intelligent et docile, il exige de son maître de la douceur et de bons traitemens.

On dit que celui qui mourut du temps de Louis XIV, à la ménagerie de Versailles, avait assez de discernement pour voir quand on se moquait de lui. Un peintre voulant le dessiner dans une

altitude extraordinaire , qui était de
tenir sa trompe élevée et sa gueule
ouverte , le valet du peintre , pour lui
faire garder cette situation , lui jetait des
fruits dans la bouche , et le plus souvent
n'en faisait que le geste. A la fin l'Eléphant s'en indigna , et comme s'il se fût
aperçu que l'envie que le peintre avait
de le dessiner était la cause de cette im-
portunité , au lieu de s'en prendre au
valet , il s'adressa au maître ; il lui lança
par la trompe un jet d'eau qui gâta le
papier sur lequel il travaillait.

Lorsque cet animal est en colère , ce
qui lui arrive rarement , il n'y a que
deux moyens de l'apaiser ; l'un , de lui
jeter quelques pièces d'artifices enflam-
més ; l'autre , de lui demander grâce ,
car il a de la générosité. Un homme qui
gouvernait depuis long-temps un Eléphant ; et qui l'avait trouvé toujours docile tant qu'il n'avait exigé de lui que
des choses raisonnables , le maltraita un

jour injustement. L'animal, outré de ce mauvais procédé, tua son maître. Cet homme avait une femme et deux fils encore très-jeunes. Sa femme, au désespoir, présenta ses enfans à l'Eléphant, comme pour lui dire de les immoler aussi. Ce tableau touchant attendrit l'animal irrité ; et pour réparer, autant qu'il était possible, le meurtre qu'il venait de commettre, il prit doucement avec sa trompe l'aîné des deux enfans, le plaça sur son dos, le regarda dès-lors comme son maître, et se laissa toujours conduire par lui.

LE LIÈVRE.

(*Planche IV. Figure 4.*)

Ce petit animal, dont la race est répandue avec tant de profusion sur la surface de la terre, paraît être destiné aux plaisirs de l'homme, encore plus

qu'à ses besoins. Les Lièvres de la La-
ponie et des pays septentrionaux deviennent blancs l'hiver, et reprennent
leur couleur fauve en été. On en voit
quelquefois aussi de blancs dans nos pro-
vinces, surtout en Pologne. Le Lièvre a
peu d'industrie. Naturellemeut peu-
reux, l'agitation de l'air, le bruit d'une
feuille, en voilà assez pour le mettre
en alarmes. Encore s'il avait l'instinct
de se faire un terrier! mais se croyant
caché dans un sillon entre quelques lé-
gères mottes de terre, il ne doit souvent
son salut qu'à son caractère inquiet et
défiant, à la finesse de l'organe de l'ouïe,
et à la rapidité de sa course. L'hiver il
se gîte à l'abri du nord, et l'été, à l'abri
du midi dans les blés. Lorsqu'il est
grand, il abat les épis pour se faire des
sentiers et fuir librement à l'approche
des chiens. Ses yeux ne semblent voir
que de côté; sa bouche est garnie de
poils intérieurement; ses pattes sont en

dessous couvertes de poils : sa voix est faible. On ne l'entend guère que lorsqu'il est pris ou blessé. Ses jambes de devant, plus courtes, lui donnent la facilité de monter lestement. Il descend avec moins d'agilité. Il mène pendant sept ans une vie solitaire, silencieuse, mais agitée et toujours poursuivie par la crainte ou par un danger réel. La fin de l'hiver et le commencement du printemps sont le temps ordinaire du rut. La femelle porte un mois entier, et donne naissance à trois ou quatre petits, qui, au bout de vingts jours, quittent le gîte natal, et se dispersent pour vivre solitairement. Assez paisibles pendant le jour, la nuit est pour eux le temps des promenades, des festins et des danses. C'est un plaisir de les voir sauter, gambader au clair de la lune. Ils vivent de grains et de plantes aromatiques, telles que la marjolaine, le serpolet, etc.; dorment les yeux ouverts, blanchissent plus ou moins en vieillissant, s'assey t sur leurs pattes de derrière, sont as caressans lorsqu'ils sont apprivoisés. en a vu qui étaient dressés à battre d tambour. Cependant ils ne s'accoutument pas à l'esclavage, et ils tournen tous leurs efforts du côté de la liberté.

La chasse du lièvre est une des plus agréables, soit à cause de la prodigieuse fécondité de ces animaux, soit par le plaisir de l'exercice en lui-même. Dans une seule battue, on tue quelquefois jusqu'à quatre ou cinq cents lièvres, si le gibier se plaît dans le canton; car on remarque que cet animal poursuivi ne s'éloigne guère de son gîte ordinaire. Ceux qui ne reviennent point dans le canton où ils ont été chassés, sont des mâles errans qui courent après les hases. On chasse le Lièvre avec des chiens d'arrêt, on le force à la course avec des lévriers ou des chiens courans. On le fait aussi prendre par des oiseaux

de roie. Le Lièvre lancé part comme
u éclair, sans observer une course ré-
g lière. Il va, vient et revient sur ses
s, toujours au-dessus du vent. On en
vu quelques-uns se jeter dans un étang
t se cacher dans les roseaux, ou se dé-
ober à la poursuite des chiens, en se
ogeant dans le tronc d'un arbre; mais
pour l'ordinaire, le Lièvre va toujours
courant, jusqu'à ce qu'il ait échappé à l'ardeur des chiens et du chasseur. Alors tout
hors d'haleine, il se couche ventre à terre
sur l'herbe la plus fraîche. Son corps
exhale une espèce de fumée, qui le trahit
même à une distance très-éloignée. Le
chasseur habile, averti par cet indice, s'a-
vance pour le tuer au gîte, en prenant
la précaution d'éloigner ses chiens, que
le Lièvre pourrait peut-être sentir de
loin. Il est moins en garde contre un
homme qui semble ne pas le chercher,
et qui parvient jusqu'à lui par un che-
min un peu oblique. Les loups, les

aigles, les renards, les ducs et les buses sont, pour cet animal sans défense, des ennemis aussi redoutables que l'homme. Outre les plaisirs de la chasse, le Lièvre fournit encore à nos tables un excellent mets. La chair des femelles est plus délicate. On préfère les Lièvres des montagnes à ceux des plaines. Ceux que l'on chasse vers les marais et les lieux fangeux, sont de mauvais goût. On les appelle Lièvres ladres. La loi des Juifs et celle de Mahomet interdisent la chair du Lièvre comme celle du cochon. La fourrure des Lièvres d'Amérique est excellente. Leur poil ne tombe jamais. Les chapeliers font usage du poil de Lièvre comme de celui du lapin.

LE RHINOCÉROS.

(*Planche V. Figure* 1.)

Le Rhinocéros a au moins douze pieds de longueur , et six ou sept pieds de hauteur. S'il ne paraît pas grand , c'est qu'il a les jambes courtes. L'arme offensive qu'il porte sur le nez , est une corne très-dure , qui parvient jusqu'à la longueur de trois ou quatre pieds. Son corps et tous ses membres sont couverts d'une enveloppe repliée en forme de cuirasse , impénétrable aux griffes des animaux et au fer du chasseur. Sa couleur est noirâtre. Il a les yeux très-petits , et ne les ouvre qu'à demi. Sa lèvre supérieure , qu'il peut allonger jusqu'à six ou sept pouces , est terminée par un appendice pointu , assez flexible pour faire l'office d'une main. Ses oreilles toujours droites , sont courtes. L'extrémité de sa queue est garnie d'un bouquet de

Pl. 5.   Page. 54.

1. le Rhinocéros . 2 le Chameau .

oies très-solides et très-dures. Ses jambes sont rondes et épaisses, et ses pieds
ont armés de trois grands ongles.

Sans être ni féroce ni carnassier, ni
même extrêmement farouche, le Rhi-
océros est cependant intraitable : il est
à peu près en grand ce que le cochon
est en petit ; brusque, sans intelligence
et sans docilité. Il se plaît dans les lieux
humides et marécageux. Sa peau fait le
cuir le meilleur et le plus dur qu'il y
ait au monde.

Cet animal se nourrit d'herbes et de
grains ; il n'attaque pas les hommes, à
moins qu'il ne soit provoqué. Comme
les balles s'aplatissent sur son cuir, et
que les lances ne sauroient l'entamer,
les chasseurs profitent du moment où il
est endormi pour le percer au ventre,
aux yeux, ou autour des oreilles,
seuls endroits qui soient pénétrables. Le
Rhinocéros que nous venons de décrire,
ne se trouve que dans les contrées les

plus chaudes de l'Asie. En général , il
est beaucoup plus rare que l'éléphant.
Comme le temps de son accroissement
paraît être d'environ quinze ans , on
croit qu'il en peut vivre cent. La femelle porte pendant quatorze ou quinze
mois, et ne produit qu'un petit. Le
meilleur moyen d'échapper à la fureur
de cet animal , quand on en est poursuivi, est de faire beaucoup de détours :
ses yeux sont placés de manière qu'il
ne peut voir que devant lui ; il est
d'ailleurs si le   à se tourner, quoique
léger à la cou se , que son ennemi est
bientôt hors e danger. Chez les Ro-
mains , sa c rne étoit d'un prix inesti-
mable : on n faisoit des vases que l'on
chargeoit   s plus riches ornemens de
sculpture

Les In ens mangent comme quelque
chose de rès-bon , la chair des jeunes
Rhinocé s; celle des vieux est coriace.

LE CHAMEAU.

(*Planche V. Figure 2.*)

CET animal, dont la longueur moyenne est de dix pieds sur six de hauteur, a les cuisses et la queue fort petites, les jambes longues, le pied fourchu comme le bœuf, la tête petite et allongée, les yeux gros et saillans, les oreilles courtes, le front revêtu d'un duvet qui ressemble à de la laine, et le cou extrêmement long. Tout son corps est couvert de longs poils roux.

Ses principaux caractères distinctifs sont d'avoir au milieu du dos une bosse charnue, assez grosse, et cinq estomacs, tandis que les autres animaux ruminans (1) n'en ont que quatre. Ce cinquième estomac est un réservoir où

---

(1) On appelle animaux ruminans, ceux qui remâchent ce qu'ils ont déjà avalé.

aucuns alimens ne peuvent passer ;
c'est celui que l'animal emplit d'eau ,
et d'où il la fait refluer à volonté dans
un autre estomac. Elle s'y conserve
plus de huit jours sans s'y corrompre.
Les callosités que l'on remarque sur
toutes ses jointures et sur sa poitrine ,
ne viennent que de son attitude dans les
instans de repos. Il s'accroupit au lieu
de se coucher sur le côté.

Le Chameau est originaire d'Arabie.
Comme les premiers hommes civilisés
habitaient cette partie de l'Asie , cet
animal utile ne tarda pas à devenir une
de leurs conquêtes. L'industrie le ré-
pandit ensuite jusqu'en Afrique. Aucun
historien ne dit qu'on ait jamais vu de
chameaux sauvages. Sans le secours de
cet animal , aussi sobre qu'il est vigoureux , il eût été impossible de traverser
ces immenses solitudes , où le voyageur
ne trouve que des sables brûlans. Lui
seul rend peut-être autant de services

qué le cheval, l'âne et le bœuf réunis.
Il n'est pas plus délicat que l'âne sur la
qualité de la nourriture ; sa chair,
quand il est jeune, est aussi bonne et
aussi saine que celle du veau ; son poil
est plus beau et plus recherché que la
plus belle laine. La femelle donne du
lait pendant plus de temps que la va-
che. Il n'y a pas jusqu'à ses excrémens
dont on ne tire avantage quand ils sont
desséchés, puisque mis en poudre ils
servent de litière, qu'on en fait des
mottes à brûler ; chose précieuse dans
des déserts où il ne se trouve pas un
arbre.

Les plus grands Chameaux portent
mille et jusqu'à douze cents livres pesant ; les plus petits, six à sept cents
livres. Dans les voyages de long cours,
on règle leur marche à dix ou douze
lieues par jour, quoiqu'ils puissent en
faire bien davantage. Pour prendre la
charge, ils fléchissent les genoux à la

voix de leur conducteur, mettent le ventre contre terre, et demeurent dans cette posture jusqu'à ce qu'on leur ait commandé de se relever. Lorsqu'ils se sentent surchargés, ils demeurent constamment couchés, afin qu'on les allége. Du reste, leur obéissance au maître qui les conduit est admirable. Ils lui épargnent jusqu'à la peine d'élever les fardeaux, en venant se coucher entre les ballots, et attendant patiemment qu'on les ait attachés pour se relever. Celui qui conduit une troupe de chameaux, les précède tous et leur fait prendre le même pas qu'à sa monture, en charmant leur ennui par la voix, ou par le son de quelque instrument.

Le Chameau est capable de demeurer chargé pendant trente ou quarante jours, et d'en passer huit ou dix sans boire et sans manger. Sa nourriture commune est le maïs ou blé de Turquie, et l'avoine. A leur défaut, il se contente de branche

Pl. 6.

Page. 61.

1. le Nilgaud . 2. le Castor . 3. le Jocko .
4 . l'Orang-Outang . 5 le Malbroug

branches d'arbres, de ronces et de joncs.
Loin d'aimer l'eau claire, il la trouble
avec le pied pour la rendre bourbeuse.
La femelle ne produit qu'un petit qu'elle
porte environ un an.

LE NILGAUT.

(*Planche VI. Figure 1.*)

CET animal, originaire des climats
chauds, est de la taille d'environ quatre
pieds. Ses cornes ont six pouces de long.
Sur les épaules s'élève une espèce de
bosse, surmontée d'une petite crinière
qui prend son origine au sommet de la
tête; une touffe de longs poils noirs
pend du milieu de la poitrine. Tout le
corps est d'un gris d'ardoise, la tête d'un
fauve mêlé de grisâtre, le tour des yeux
d'un fauve clair, avec une petite tache
blanche à l'angle de chaque œil; les
oreilles, qui sont grandes et larges, sont
rayées de trois bandes noires, vers leur

4

extrémité; le sommet de la tête est garni d'un poil noir mêlé de brun, qui forme sur le haut du front une espèce de fer à cheval. Il a sous le cou, près de là gorge, une grande tache blanche. La couleur du ventre est d'un gris d'ardoise comme celle du corps; les jambes de devant et les cuisses sont noires, sur la face extérieure, et d'un gris foncé sur la face intérieure. Le pied ressemble à celui du cerf, et la queue, qui se termine par une touffe de grands poils noirs, est d'un gris d'ardoise sur le milieu., et blanche sur les côtés. Le Nilgaut n'est point agile comme le cerf auquel il ressémble beaucoup : il court au contraire de mauvaise grâce, ayant les jambes trop massives, et celles de derrière plus courtes que celles de devant. Cet animal est doux, quoique très-vif, et même familier. Il mange de l'avoine, et de préférence de l'herbe fraîche. Comme il produit dans nos climats, ce

seroit une bonne acquisition à faire : on
en retireroit de bonne viande, du suif
et des cuirs fermes et épais.

LE CASTOR.

(*Planche VI. Figure 2.*)

Le Castor est une espèce intermédiaire entre les quadrupèdes et les poissons. Il habite le voisinage des eaux, et
vit de poissons, d'écrevisses, et surtout
de l'écorce tendre des arbres aquatiques.
Ses pieds de derrière ont, au lieu de
doigts, une forte membrane qui en fait
des nageoires. Ceux de devant sont
courts, et il s'en sert avec beaucoup
d'adresse. Ses dents, au nombre de
vingt, sont extrêmement fortes. Tout
son corps, à l'exception de la queue,
est couvert de deux sortes de poils, d'un
duvet très-fin et très-serré, long d'un
pouce, qui entretient la chaleur, et
d'un poil long, qui garantit le duvet de
la boue. Sa queue, large de quatre

pouces à sa racine, de cinq pouces dans le milieu, et de trois à l'extrémité, est très-épaisse, couverte d'une peau écailleuse, et longue d'un pied. La couleur du Castor est ordinairement brune. On en trouve cependant de noirs et même de tout blancs. Les femelles portent quatre mois, et produisent deux ou trois petits. Cet animal est court et ramassé. Il pèse cinquante à soixante livres. La chair des parties antérieures, jusqu'aux reins, a le même goût que celle des animaux terrestres; celle des cuisses et de la queue est entièrement semblable à celle du poisson. Dans les cantons les plus reculés du nord de l'Europe et de l'Amérique, les Castors construisent encore des bourgades et élèvent des digues qui retiennent les eaux des rivières à la hauteur qui leur convient. Ces bourgades, dont les plus grandes renferment vingt à vingt - cinq habitations, sont occupées par quatre ou cinq cents

Castors, qui y passent la mauvaise saison, et jouissent de toutes les douceurs
de la vie domestique. Pour couper un
arbre, un nombre d'ouvriers, propor-
tionné à sa grosseur, l'attaque successi-
vement avec les dents. Les grosses branches servent à faire des pieux pour les
digues ; les petites, entrelacées et en-
duites d'une terre grasse, remplissent
les vides. La queue de l'animal sert de
voiture et de truelle pour amener et
maçonner le mortier. Les fondemens de
ces digues ont ordinairement dix à douze
pieds d'épaisseur, et vont en diminuant
jusqu'à deux ou trois. Les proportions y
sont exactement gardées. Le côté du courant de l'eau est toujours en talus, et le
côté opposé est d'aplomb. Le même art
se fait remarquer dans la construction
des cabanes, ordinairement bâties sur
pilotis. Leur figure est ronde ou ovale.
Elles sont voûtées en anses de panier.
Les matériaux ne diffèrent de ceux des

digues, qu'en ce qu'ils sont moins gros.
L'enduit intérieur de terre glaise n'y
laisse pas le moindre jour. Les deux
tiers de l'édifice sont hors de l'eau. C'est
dans cette partie que chaque Castor a sa
petite demeure. Il prend soin de la gar-
nir de feuillages. Jamais on n'y voit
d'ordures. Les cabanes ordinaires servent de logement à huit ou dix Castors.
Il s'en trouve, mais rarement, qui en
contiennent jusqu'à trente. Elles sont
toujours assez près les unes des autres,
pour que la communication soit facile.
Ces ouvrages sont toujours finis, et la
provision se trouve faite avant l'hiver.
Chaque cabane n'a qu'un magasin commun pour toute la famille. Dans les
contrées où l'homme s'est anciennement
établi, ces animaux ont perdu, avec
l'industrie, cet instinct social si digne
d'admiration, et vivent solitairement
dans des boyaux longs et tortueux qu'ils
se creusent le long des fleuves.

Les Sauvages s'habillent de peaux de Castors, qu'ils portent l'hiver, le poil en dedans. Ces peaux imbibées de sueurs, qu'ils nous vendent au printemps, ne peuvent servir que pour les ouvrages les plus grossiers : on les appelle Castors gras.

On a trouvé des Castors dans le Languedoc, dans les îles du Rhône.

LE JOCKO.

(*Planche VI. Figure* 3.)

LE Jocko ne diffère de l'Orang-Outang que par la taille, qui n'est guère que de trois ou quatre pieds. Il habite les mêmes pays que ce dernier. Cet animal marche assez souvent comme l'homme, appuyé sur un bâton.

Lorsque des voyageurs font du feu dans les endroits où il se trouve des Jockos, ceux-ci les observent de loin,

et dès qu'ils sont partis, ils vont prendre leur place et se chauffer; mais ils
ne se donnent la peine ni d'attiser le
feu, ni de l'entretenir.

L'ORANG-OUTANG.

(*Planche VI. Figure* 4.)

L'ORANG - OUTANG a la face plate,
nue et basanée, les oreilles, les mains,
la poitrine et le ventre nus, une espèce
de chevelure sur la tête, du poil long,
mais rare sur les épaules et les reins,
les fesses charnues, et des mollets
comme l'homme; ce qui lui donne la
faculté de se tenir debout. Il n'a point
comme les guenons et les babouins, de
callosités sur les fesses.

Son talon est un peu plus élevé que
celui de l'homme, ce qui fait qu'il
court plus aisément qu'il ne marche;
il a aussi des hanches plus serrées, le

cou moins long, le nez encore plus
écrasé que celui du nègre, le front
moins grand, le menton moins relevé,
les oreilles plus grandes, et les yeux
plus voisins l'un de l'autre. De ces nombreux rapports de conformation, ré-
sultent des mouvemens pareils à ceux
de l'homme.

Ces animaux se trouvent en Afrique
et dans les climats chauds de l'Asie : ils
se nourrissent de fruits et de graines.
Leur force est, dit-on, si extraordinaire, que dix hommes robustes ne
peuvent en arrêter un seul. Dans
l'état sauvage, ils se rendent redoutables aux nègres, construisent des
cabanes pour s'y mettre à l'abri du soleil et de la pluie, et dorment sur les
arbres. Leur taille s'élève au moins à
six ou sept pieds. L'Orang-Outang a
l'air triste et la démarche grave : il est
d'un naturel doux, et s'apprivoise si
aisément, que quand on le prend jeune,

il obéit au moindre signe , et rend autant de services dans une maison qu'un domestique ordinaire. On en a vu s'asseoir à table , déployer leur serviette , se servir de la cuiller , du couteau et de la fourchette , se verser à boire dans un verre, choquer le verre lorsqu'ils y étaient invités , aller prendre une tasse ou une soucoupe , l'apporter sur la table , y mettre du sucre , y verser du thé , le laisser refroidir pour le boire , se promener gravement avec les hommes , et leur présenter la main pour les reconduire.

LE MALBROUKC.

(*Planche VI. Figure* 5.)

Le Malbrouck, qui a environ un pied et demi de longueur , ne marche qu'à quatre pieds. Il a la face grise, les yeux grands, les paupières couleur de chair , ainsi que les oreilles qui sont

grandes et minces , le museau large , le
front ceint d'un bandeau gris , et la
queue de la longueur du corps. Son poil
varie par la couleur ; car on trouve des
Malbroucks noirs, blancs, gris , rou-
geâtres et d'un jaune brun : cependant
ces derniers sont les plus communs.
Cette espèce a à peu près les mêmes
habitudes que les autres guenons : elle
vit dans les forêts , de graines , de
cannes à sucre et d'insectes , et prend
pour le pillage les mêmes précautions.
On la trouve en Bengale et dans quelques autres contrées de l'Inde. Dans les
cantons où la religion défend de faire
aucun mal aux animaux, ces guenons
se multiplient si prodigieusement ,
qu'elles viennent par troupes jusque
dans les villes , et entrent avec tant de
liberté dans les maisons , que les mar-
chands de fruits ne savent comment se
mettre à l'abri de leurs recherches. On
cite même une ville dont les habitans

garnissent les terrasses de leurs maisons d'une provision de fruits, que les singes du voisinage viennent chercher deux fois par semaine. Il y a dans cette même ville plusieurs hôpitaux pour les singes estropiés ou malades. La grande quantité de singes empêcheroit qu'aucun oiseau ne pût nicher sur les arbres, si ces animaux n'avaient eux-mêmes pour ennemis de gros serpens qui leur font une guerre continuelle.

LA TORTUE GÉOMÉTRIQUE.
(*Planche VII. Figure* 1.)

CETTE Tortue terrestre a la couverture supérieure des plus bombées. Les couleurs dont elle est variée, la rendent très-agréable à la vue. Les lames qui revêtent les deux couvertures, et qui sont ordinairement au nombre de treize sur le disque, de vingt-trois sur les bords de la carapace, et de douze sur le

Pl. 7.   Page 72.

1. la Tortue Géométrique . 2 le Midas .
3. la Marmotte . 4 l'Iguane . 5 le Lézard vert .
6 le Lézard Gris .

le plastron, se relèvent en bosse dans leur milieu. Elles sont fortement striées, séparées les unes des autres par des espèces de sillons profonds, et la plupart à six côtés. Leur couleur est noire : le centre présente une tache jaune, d'où partent plusieurs rayons de la même couleur. Ces lames présentent ainsi une sorte de réseau de couleur jaune, composé de lignes très-distinctes, dessinées sur un fond noir, et ressemblant à des figures géométriques : c'est de là qu'a été tiré le nom qu'on donne à l'animal. On trouve cette Tortue particulièrement en Asie.

LE MIDAS.
(*Planche VII. Figure 2.*)

Il y a des Tortues de la largeur de la main, et d'autres de la grosseur d'un bœuf, et du poids de deux, trois, six, huit cents livres, dont l'écaille est large

5

comme la porte d'une chambre. On en
mange la chair, qui est verte et grasse,
et a le goût de chair de poulet; elle est
fort du goût des marins dans leurs
voyages. Leurs écailles servent à faire
une infinité d'ustensiles très-jolis. Autrefois les Indiens se servoient des plus
grandes en guise de boucliers, ou pour
les canots, ou pour les toits.

La Tortue est l'animal le plus aisé à
prendre. Il n'y a qu'à épier le moment
où le soir elle sort de la mer, s'approcher par derrière, une perche à la
main, et avec la renverser sur le dos :
elle est prise. Mais si l'on s'approche
par-devant, elle vous jette au visage
une quantité de sable; et si elle peut
même tenir son homme, elle l'écrase.
Celle que l'on appelle Midas ou Géant,
est la plus grosse de toutes; son écaille
est de la grandeur d'une porte de chambre, et son poids, de sept à huit cents
livres. Avec dix hommes sur le dos,

elle peut marcher comme si elle n'avait rien; et le char le plus pesant peut passer sur elle sans l'écraser, ni même la faire plier. La Tortue géométrique est une des plus petites; elle n'a que la largeur de la main, et l'écaille très-jolie, tachetée de noir et de jaune.

Enfin, l'espèce nommée Tortue squammeuse, a l'écaille la plus belle et la meilleure, et son nom vient de ce que ses écailles, qui ont une palme de diamètre, sont posées les unes sur les autres comme celles des poissons. Les Tortues terrestres, qui sont plus petites que les autres, et auxquelles il paraît qu'il faut réunir les Tortues appelées d'eau douce (puisqu'elles ne peuvent vivre toujours dans l'eau), se trouvent aussi en France, autour de Marseille et de Bordeaux.

LA MARMOTTE.

(*Planche VII. Figure* 3.)

Lᴀ Marmotte ressemble au lièvre par la tête, au blaireau par le poil et les ongles, et à l'ours par les pieds. Elle a les oreilles et la queue très-courtes, le poil du dos d'un roux brun et rude, et celui du ventre roussâtre, doux et fourni. Quoique moins grande que le lièvre, elle est plus forte et plus trapue. Ordinairement elle se tient assise comme l'écureuil, et se sert des pieds de devant pour porter à sa bouche.

Plusieurs Marmottes se réunissent aux approches de l'hiver, et se construisent, sur le penchant d'une montagne, un grand terrier à deux ouvertures, qu'elles approvisionnent de foin, pour se nourrir jusqu'au temps de leur engourdissement. Cette demeure sou-

terraine a la forme d'un *y-grec*. La
Marmotte habite les hauts sommets des
Alpes, des montagnes de la Suisse et
des Pyrénées. On l'accoutume facile-
ment à la vie domestique. Elle mange
de tout, des fruits, du pain, de la chair,
et aime surtout beaucoup le lait.

L'habitude qu'a cet animal de se servir de son dos comme d'un point d'appui,
a, dit-on, engagé les jeunes savoyards
à user de la même méthode pour monter dans les cheminées. Ce qu'il y a
de sûr, c'est que sa docilité fournit
une ressource à ces enfans, celle de
l'offrir comme un objet de curiosité, en
la faisant danser au son de la vielle.

La Marmotte fait entendre, lorsqu'on
la caresse, un murmure qui ressemble
au cri d'un petit chien. Un sifflement
assez aigu annonce son mécontentement
ou la douleur. Elle ne produit qu'une
fois l'année. Chaque portée est de trois
à quatre petits.

L'IGUANE.

(*Planche VII. Figure* 4.)

L'Iguane forme , par l'éclat de ses couleurs et le brillant de ses écailles , un des principaux ornemens de ces immenses forêts qui couvrent une partie de l'Amérique méridionale. Il est aisé de le distinguer par la grande poche qu'il a au-dessous du cou , et par la crête dentelée qui s'étend depuis la tête jusqu'à l'extrémité de la queue , et qui garnit aussi le devant de la gorge.

La longueur de ce lézard est assez souvent de cinq à six pieds ; et sa couleur , qui varie suivant l'âge , le sexe et le pays, est tantôt bleuâtre, tantôt verte, mêlée de jaune. Il a la tête aplatie par-dessus , et comprimée par les côtés. Sa queue, qui est ronde , présente ordinairement des anneaux de diverses couleurs. Cet animal ne cherche point à nuire , et ne se nourrit que de végétaux et d'insectes. Il ne laisse pas cependant d'intimider, lorsque agité par la colère, et animant son regard, il fait entendre un sifflement, secoue sa longue queue, gonfle sa gorge, et redresse ses écailles hérissées de pointes. Lorsqu'il a reçu quelque éducation, il reste volontiers dans les jardins, et passe même la plus grande partie du jour dans les appartemens. Sa chair est excellente à manger. La femelle pond depuis treize œufs jusqu'à vingt-cinq.

Les Iguanes se retirent dans des creux de rochers, ou dans des trous d'arbres. On les voit s'élancer avec une agilité merveilleuse jusqu'au plus haut des branches, autour desquelles ils s'entortillent de façon à cacher leur tête au milieu des replis de leur corps. Lorsqu'ils sont repus, ils vont se reposer sur les rameaux qui avancent au - dessus de l'eau, et demeurent comme engourdis.

C'est ce moment que l'on choisit au
Brésil pour les prendre. Lorsqu'un chasseur voit un de ces animaux ainsi
étendu sur des branches, et s'y péné-
trant de l'ardeur du soleil, il commence
à siffler. L'Iguane, qui semble prendre plaisir à l'entendre, avance la tête
peu à peu ; le chasseur s'approche en
continuant de siffler, et chatouille la
gorge de l'animal avec le bout d'une
perche. Celui-ci souffre cette espèce de
caresse sans témoigner aucune peine,
et se retourne même, comme pour en
jouir à son aise. Lorsqu'il a porté sa tête
hors des branches, le chasseur lui passe
au cou une corde nouée en forme de
lacs, qu'il a au bout d'un bâton, et le
fait tomber à terre par une violente
secousse.

On trouve des Iguanes en Afrique et
en Asie ; mais ils y sont bien moins
communs qu'en Amérique.

LE LÉZARD VERT.
(*Planche VII. Figure* 5.)

La nature, en formant le Lézard
vert, n'a fait, pour ainsi dire, qu'a-
grandir le Lézard gris, et le revêtir d'une
parure plus brillante. Le dessus de son
corps est d'un vert plus ou moins mêlé
de jaune, de gris, de brun, et même
quelquefois de rouge ; mais c'est surtout
dans les climats chauds qu'il brille avec
plus d'éclat : il y parvient aussi à une
grandeur plus considérable (quelquefois
jusqu'à trente pouces). Les Lézards
verts jouent avec les enfans., ainsi que
les gris. Quoique peu élevés sur leurs
pattes, ils courent avec agilité, et partent
avec assez de promptitude pour donner
un premier mouvement de surprise et
d'effroi, lorsqu'ils s'élancent au milieu
des broussailles ou des feuilles sèches.

5..

L'habitude qu'ils ont de saisir par l'endroit le plus sensible, c'est-à-dire, par les narines, les diverses espèces de serpens avec lesquels ils sont souvent en guerre, fait qu'ils se jettent au museau des chiens, et les y mordent avec tant d'obstination, qu'ils se laissent emporter et même tuer, plutôt que de lâcher prise. Il ne faut pas cependant les regarder comme venimeux, au moins dans les pays tempérés.

LE LÉZARD.GRIS.

(*Planche VII. Figure 6.*)

CE petit animal, si commun dans le pays que nous habitons, parait être le plus doux, le plus innocent, et l'un des plus utiles des Lézards. S'il n'a pas reçu de la nature une parure bien éclatante, il a de quoi intéresser par la légèreté de sa taille, par l'agilité de ses

mouvemens et la rapidité de sa course.
Ayant besoin d'une température douce ,
il cherche les abris ; et lorsque dans un
beau jour de printemps, une lumière
pure éclaire vivement une muraille ou
un gazon en pente , on le voit s'y étendre avec une espèce de volupté. Il
marque son plaisir par les ondulations
de sa queue ; il fait briller ses yeux , et
se précipite comme un trait pour saisir
une petite proie, ou pour trouver un
abri plus commode. Bien loin de fuir à
l'approche de l'homme, il paraît le regarder avec complaisance : mais au
moindre bruit qui l'effraie, à la chute
d'une feuille, il se roule et se laisse
tomber ; ou bien il s'élance , disparaît,
se montre de nouveau , et décrit en un
instant plusieurs circuits tortueux que
l'œil a de la peine à suivre. La couleur
grise que présente le dessus de son corps ,
est variée par un grand nombre de taches blanchâtres, et par trois bandes

presque noires, qui parcourent la longueur du dos. Le ventre est peint de
vert, changeant en bleu.

On ne craint point ce paisible animal :
il échappe communément avec rapidité
lorsqu'on veut le saisir; mais lorsqu'on
l'a pris, on le manie sans qu'il cherche
à mordre. Les enfans en font un jouet ;
et par une suite de sa grande douceur,
il se familiarise avec eux, approche
innocemment sa bouche de la leur, et
suce leur salive avec avidité. Malheureu-
sement il ne reçoit pas toujours caresse
pour caresse : et l'enfance souvent in-
grate, parce qu'elle ne se donne pas la
peine de réfléchir, prend plaisir à lui
faire perdre une partie de sa queue, qui
est très-fragile. Cette queue, lorsqu'elle
a été brisée par quelque accident, re-
pousse quelquefois; et suivant qu'elle a
été divisée en plus ou moins de parties,
elle est remplacée par deux, et même
par trois queues plus ou moins parfaites.

Pl. 8. Page. 85.

1. le Crocodile. 2. le Caméléon. 3. le Basilic.
4. le Crapaud. 5. la Grenouille. 6. la Rousse.

Pour saisir les mouches et autres in-
ctes dont il se nourrit, le Lézard gris
arde avec vitesse une langue garnie de
petites aspérités qui lui aident à retenir
sa proie. Le tabac pulvérisé est presque
toujours un poison mortel pour lui.
Comme les autres quadrupèdes ovipares, il peut vivre beaucoup de temps
sans manger; et l'on en a gardé pendant
six mois dans une bouteille, sans leur
donner de nourriture. Il passe la saison
du froid dans des trous d'arbres ou de
murailles, ou dans des creux sous terre.

LE CROCODILE.

(Planche VIII. Figure 1.)

CET animal énorme ne se trouve que
dans les climats très-chauds. Incapable
de désirs très-ardens, il n'a pas de férocité. S'il se nourrit de proie, s'il dévore les autres animaux, s'il attaque

même quelquefois l'homme , ce n'est pas comme le tigre , pour assouvir un appétit cruel , mais uniquement pour satisfaire des besoins d'autant plus impérieux , qu'il a une masse plus considérable à entretenir.

La forme générale du Crocodile est assez semblable en grand à celle des autres lézards ; mais en examinant ses caractères particuliers , on trouve qu'il a la tête allongée , aplatie et fortement ridée ; le museau gros , la gueule fendue jusqu'au-delà des oreilles. Ses dents , quelquefois au nombre de trente - six dans la mâchoire supérieure , et de trente dans la mâchoire inférieure , sont fortes , pointues , inégales en longueur , placées sur un seul rang , et disposées de manière que quand la gueule est fermée , elles passent les unes entre les autres.

Comme cet animal n'a point de lèvres , il montre ses dents , lorsqu'il marche ou

qu'il nage avec le plus de tranquillité ;
et ce qui ajoute encore à cet air de furie
qui tient à sa conformation , c'est que
ses yeux étincelans , très - rapprochés
l'un de l'autre , garnis de deux paupières dures , fortement ridées et sur-
montées d'un rebord dentelé , lui donnent une sorte de regard sinistre. Sa
queue est très - longue et d'une forme
aplatie , assez semblable à celle d'un
aviron ; ce qui lui facilite beaucoup les
moyens de nager. L'armure qui revêt
tout son corps, excepté la tête , est
composée d'écailles. Celles qui couvrent
les flancs, les pattes et la plus grande
partie du cou , sont presque rondes ,
de grandeurs différentes , et distribuées
irrégulièrement. Celles qui défendent
le dos et le dessus de la queue , sont
carrées , et forment des bandes transversales. Il ne faut donc pas , pour blesser le Crocodile , le frapper de derrière
en avant , comme si les écailles se recou-

vraient ; mais dans les jointures des
bandes, qui ne présentent que la peau·
La couleur des Crocodiles tire sur le
jaune verdâtre, plus ou moins nuancé
d'un vert faible , par taches et par
bandes. Leur taille va à près de dix à
trente pieds, dans les climats qui leur
conviennent le mieux. Ils fréquentent
de préférence les rives des grands fleuves. La femelle pond environ soixante
œufs ; mais heureusement ces œufs sont
recherchés par la mangouste, par les
singes et par plusieurs espèces d'oiseaux
d'eau ; de manière qu'un grand nombre
de crocodiles sont détruits avant d'é-
clore. Leur chair, que certains peuples
de l'Inde et de l'Amérique trouvent délicate, a toujours rebuté les Européens
par son odeur de musc.

LE CAMÉLÉON.

(*Planche VIII. Figure 2.*)

LE nom de ce lézard sert depuis long-temps à désigner la flatterie, parce qu'il n'a pas de couleur qui lui soit propre, comme le flatteur n'a pas d'avis à lui. Sa tête aplatie par-dessus, l'est aussi par les côtés; et cinq arêtes, dont deux partent du museau, deux du coin de la gueule, et la troisième du sommet de la tête, forment au-dessus une pyramide à cinq faces, dont la pointe est tournée en arrière. Sa gorge est comme gonflée, et représente une espèce de poche, mais moins grande que celle de l'iguane. On voit sur sa peau de petites éminences comme le chagrin. Ses yeux sont gros et saillans, et ce qui est particulier, ils sont immobiles et indépendans l'un de l'autre; de manière que l'animal peut avec l'un regarder en avant, tandis

qu'avec l'autre il regarde en arrière :
ou bien voir de l'un les objets placés au-
dessus de lui, pendant que de l'autre il
aperçoit ceux qui sont situés au-dessous.

Le Caméléon est donc unique par
plusieurs caractères très-remarquables ;
mais les singularités dont nous venons
de parler, ne sont pas les seules qu'il
présente. Plus élevé sur ses jambes que
la plupart des autres lézards, il a moins
l'air de ramper lorsqu'il marche : mais
comme la peau de ses jambes descend
jusqu'au bout des doigts, il n'a pas
d'appui bien ferme sur la terre : aussi
aime-t-il mieux s'accrocher aux arbres
avec ses ongles et avec sa queue, qui
est prenante comme celles des sapajous.
Du reste, soit qu'il grimpe sur les arbres, soit qu'il marche sur la terre, ses
mouvemens sont toujours lents.

Quoiqu'il soit difficile d'assigner la
couleur du Caméléon, on peut dire en
général qu'il est d'un gris plus ou moins

foncé, ou plus ou moins livide. Après les variations que produisent l'âge et le climat, la crainte ou la colère, les différens degrés de chaleur, sont les causes principales des changemens qu'on remarque sur sa peau qui est transparente partout, quoique garnie de petits grains dont nous avons parlé. Les changemens du noir au jaune ou au vert, ne sont autres que la couleur de sa bile.

On trouve des Caméléons dans tous les climats chauds, tant de l'ancien que du nouveau continent. Les Indiens les gardent dans leurs maisons pour les délivrer des insectes. Suivant quelques naturalistes, cet animal est si doux, qu'on peut lui enfoncer très-avant le doigt dans la bouche, sans qu'il cherche à mordre. Il peut vivre près d'un an sans manger, ainsi que les autres lézards ; et c'est sans doute ce qui a fait dire qu'il ne se nourrissait que d'air.

LE BASILIC.

(*Planche VIII. Figure* 3.)

CE lézard, au sujet duquel les charlatans débitent tant de contes, en montrant une peau de raie bizarrement contournée, habite l'Amérique méridionale. Aucune espèce n'est aussi facile à distinguer, à cause d'une crête trèsexhaussée qui s'étend jusqu'au bout de la queue, et d'une sorte de capuchon qui couronne la tête. Il a souvent plus de trois pieds de longueur.

Loin de tuer par son regard, comme l'animal fabuleux dont il porte le nom, le Basilic fait plaisir à la vue, lorsqu'animant la solitude des forêts immenses de l'Amérique, il s'élance avec rapidité de branche en branche; ou bien lorsque dans une attitude de repos, il témoigne une sorte de satisfaction à ceux qui le regardent, en agitant mollement sa belle crête, et en faisant briller de diverses manières les écailles dont il est paré.

LE CRAPAUD.

(*Planche VIII. Figure* 4.)

TOUT est vilain dans cet animal. Sale dans son habitation, dégoûtant par ses habitudes, difforme dans son corps, obscur dans ses couleurs, infect par son haleine, ne se soulevant qu'avec peine, ouvrant, lorsqu'on l'attaque, une gueule hideuse, n'ayant pour toute puissance que l'opiniâtreté d'un être stupide, et pour arme qu'une liqueur fétide : il ne paraît avoir de bon que l'instinct de se dérober à tous les yeux, en fuyant la lumière du jour. Sa couleur est ordinairement d'un gris livide, tacheté de brun et de jaunâtre, quelquefois d'un roux sale, qui devient ensuite presque noir. Un grand nombre de verrues, ou plutôt de pustules d'un vert noirâtre ou d'un rouge clair, sert encore à l'enlaidir. Non – seulement il ne peut marcher, mais il ne saute qu'à une très – petite hauteur. Lorsqu'il se sent pressé, il lance contre ceux qui le poursuivent une liqueur fétide dont il est imbu, et qui peut être un venin plus ou moins actif, suivant la nourriture qu'il a prise, la saison, l'espèce d'animal sur lequel il agit, et la nature de la partie qu'il attaque. Cet animal habite dans les fossés, surtout dans ceux où une eau fétide croupit depuis long-temps. On le trouve aussi dans les fumiers, dans les caves, dans les antres profonds et dans les forêts, où il peut se dérober aisément à la clarté du jour. Il est si vivace, qu'on en a vu qui, percés d'outre en outre par un pieu, ont vécu sept à huit jours exposés à l'ardeur du soleil. Un fait bien constaté prouve qu'un Crapaud a vécu plus de trente-six ans : et la

manière dont il a passé sa longue vie a
de quoi étonner : elle prouve jusqu'à
quel point la domesticité peut influer
sur quelque animal que ce soit. Ce
Crapaud a vécu presque toujours dans
une maison, où il a été pour ainsi dire
élevé et apprivoisé. La lumière des bou-
gies avait été long-temps pour lui le
signal du moment où il allait recevoir
sa nourriture : ainsi, non-seulement il
la voyait sans crainte, mais même il
la recherchait. Il était déjà très-gros
lorsqu'il fut remarqué pour la première fois. Sa retraite était un escalier
qui se trouvait devant la porte d'une
maison. Tous les soirs au moment où il
apercevait de la lumière, il levait les
yeux, comme s'il eût attendu qu'on le
portât sur une table, où il trouvait des
insectes, des cloportes et de petits vers.
Comme on ne lui avait jamais fait du
mal, il ne s'irritait point lorsqu'on le
touchait, et devint l'objet d'une curio-

sité générale , au point que les dames mêmes demandèrent à voir le Crapaud familier.

Cet animal aurait vécu plus de temps dans cette espèce de domesticité , si un corbeau apprivoisé comme lui ne l'eût attaqué à l'entrée de son trou , et ne lui eût crevé un œil , malgré tous les efforts qu'on fit pour le sauver.

LA GRENOUILLE COMMUNE.

(*Planche VIII. Figure* 5.)

C'est un grand malheur qu'une grande ressemblance avec des êtres ignobles! Si nous n'avions jamais vu de crapauds , nous admirerions dans la grenouille une taille légère , une attitude gracieuse , des mouvemens prestes et des couleurs agréables , nuancées par un beau vernis.

Lorsque la Grenouille est hors de l'eau , loin de se tenir bassement accrou-
pie

pic dans la fange, comme le crapaud, elle porte la tête haute et le corps relevé sur les pattes de devant, toujours prête à s'élancer.

Ses yeux sont entourés d'un cercle couleur d'or. Le dessus de son corps est d'un vert plus ou moins foncé, et le dessous blanc. Trois raies jaunes qui règnent le long du dos, des taches noires qui s'étendent sur tout le dessus du corps, et même sur la partie supérieure à mesure que l'animal grandit, relèvent cet élégant assemblage de couleurs.

Assez difficiles sur la qualité de leur nourriture, les grenouilles rejettent tout ce qui pourrait présenter un état de décomposition. Si elles se nourrissent de vers, de sangsues, de petits limaçons et d'insectes tant ailés que non ailés, elles n'en prennent aucun qu'elles ne l'aient vu remuer, comme si elles voulaient s'assurer qu'il vit encore. Quand l'insecte se trouve à leur portée, elles

6

s'élancent sur lui , quelquefois à la hauteur d'un ou deux pieds , et avancent ,
pour l'attraper , une langue gluante qui
l'a bientôt empêtré. Dès que la belle
saison est arrivée , on les entend jeter
un cri , qu'elles répètent pendant assez
long-temps , surtout lorsqu'il est nuit.
Ce coassement , composé de sons rau-
ques , devient tout-à-fait désagréable
par la continuité , et parce qu'elles se
plaisent à se réunir pour le multiplier.
Presque tous les huit jours , dans le
beau temps , elles produisent une nou-
velle peau.

Les œufs que pond la femelle , forment une espèce de cordon , à cause de
la matière glaireuse dont ils sont
enduits. Ces œufs , après un temps plus
ou moins long , suivant la température ,
produisent ce qu'on appelle des têtards ,
dans lesquels on distingue bientôt la
tête , la poitrine , le ventre , et une
queue dont ils se servent pour se mou-

voir. Deux mois après , ces têtards quittent leur enveloppe pour prendre la vraie forme de Grenouilles. Comme certaines parties du corps de la Grenouille fournissent un aliment agréable , on a imaginé plusieurs manières de les pêcher : d'abord avec des filets , à la clarté des flambeaux qui les effraient ; puis à la ligne , avec des hameçons qu'on garnit de vers , d'insectes , ou simplement d'un morceau d'étoffe rouge , ou couleur de chair. Un rateau à longues dents , est encore un moyen que l'on emploie avec succès pour les mener à terre.

LA ROUSSE.

(*Planche VIII. Figure 6.*)

CETTE grenouille qui habite dans les mêmes pays que la grenouille commune, a le dessus du corps d'un roux obscur , et les cuisses rayées de brun. On l'appelle

muette, par comparaison avec cette dernière. Elle passe à terre une grande partie de la belle saison, et ne regagne les
endroits marécageux que vers la fin de
l'automne.

Comme les Grenouilles rousses sont
très-fécondes, et qu'elles pondent depuis
six cents jusqu'à onze cents œufs, les petites Grenouilles de cette espèce se mon-
trent quelquefois en si grand nombre,
surtout dans les bois et les terreins humides, que la terre en paraît couverte.
Cette multitude sortant de ses trous
lorsqu'il pleut, a donné lieu à deux fa-
bles : l'une, qu'il pleuvait des Grenouilles; l'autre, qu'elles s'en allaient
aussi promptement qu'elles étaient ve-
nues, et qu'elles disparaissaient aux premiers rayons du soleil. Un examen plus
sérieux aurait fait découvrir ces Grenouilles sous des tas de pierres et autres
abris; et on les aurait vues se cacher de
nouveau après la pluie, pour se dérober à une lumière trop vive.

Pl. 9. Page. 101.

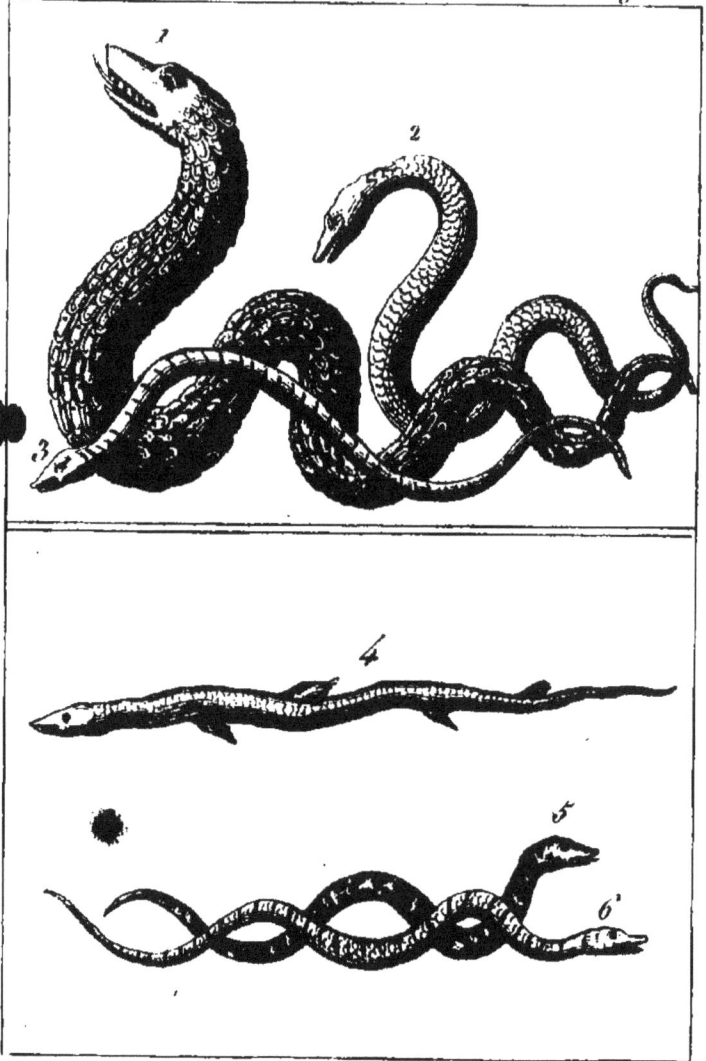

1. le Devin. 2. le Serpent. 3. la Vipère.
4. l'Anguille. 5. la Couleuvre des Dames.
6. la Couleuvre commune.

LE DEVIN.
(*Planche IX. Figure* 1.)

Ce serpent, qui parvient communément à la longueur de plus de vingt
pieds, est le plus grand et le plus fort
de tous les serpens. La nature lui a
accordé la beauté, le courage et l'industrie. N'ayant point de venin, il combat avec hardiesse, oppose la force à la
force, et ne dompte que par sa puissance.

On trouve ce monstrueux animal
dans les déserts brûlans de l'Afrique. Sa
tête a été comparée avec assez de raison
à celle des chiens de chasse, qu'on
appelle chiens couchans. Sa queue est
très-courte en proportion du corps qui
est ordinairement neuf fois aussi long
que cette partie, mais elle est très-dure
et très-forte. Sur tout le dessus de son
corps, se trouvent de belles et grandes

6.

taches ovales, qui ont ordinairement
deux ou trois pouces de longueur , et
autour desquelles l'on voit d'autres taches petites et de différentes formes.
Toutes sont placées avec symétrie, et
la plupart sont distinguées du fond par
des bordures sombres, qui en imitant
des ombres , les détachent et les font
ressortir. Ces belles taches présentent
les couleurs le plus agréablement va-
riées, et quelquefois les plus vives. Les
taches ovales sont ordinairement d'un
fauve doré , quelquefois noires ou rouges , et bordées de blanc : les autres
sont d'un châtain plus ou moins clair ,
ou d'un rouge très-vif, semé de points
noirs ou roux. Le dessous du corps est
d'un cendré - jaunâtre , marbré ou tacheté de noir. Il y a de quoi frémir , en
lisant dans les relations des voyageurs,
la manière dont l'énorme serpent Devin
s'avance au milieu des herbes hautes et
des broussailles , semblable à une

longue poutre qu'on remuerait avec
avec vitesse. On aperçoit de loin , par
le mouvement des plantes qui s'inclinent
sous son passage , l'espèce de sillon que
tracent les diverses ondulations de son
corps. On voit fuir devant lui les trou-
peaux de gazelles et d'autres animaux
dont il fait sa proie. Le seul moyen de
se garantir de sa dent meurtrière dans
ces solitudes immenses , est de mettre le
feu aux herbes déjà à demi brûlées par
l'ardeur du soleil ; car le fer ne suffit
pas contre ce dangereux ennemi , surtout lorsqu'il est irrité par la faim. En
vain voudrait-on lui opposer des fleuves , ou chercher un abri sur des arbres :
il nage avec assez de facilité pour traverser des bras de mer , et se roule avec
promptitude jusqu'aux cimes les plus
hautes.

Lorsque le Devin voit un ennemi
dangereux , ce n'est point avec ses dents
qu'il commence le combat, mais il se

précipite avec tant de rapidité sur sa
malheureuse victime, l'enveloppe avec
tant de contours, et la serre avec
tant de force, qu'il rend ses armes inu-
tiles, et la fait bientôt expirer sous ses
puissans efforts. Si l'animal immolé est
trop considérable pour que le Devin
puisse l'avaler, malgré la grande ouver-
ture de sa gueule et la facilité qu'il a de
l'agrandir, il continue de presser sa
proie, et, pour la briser avec plus de
facilité, il l'entraîne, en se roulant avec
elle, auprès d'un gros arbre dont il
renferme le tronc dans ses replis, la
place entre l'arbre et son corps, les
environne l'un et l'autre de ses nœuds
vigoureux; et se servant de la tige
noueuse comme d'un levier, il re-
double ses efforts, et parvient à com-
primer en tout sens le corps de l'animal
qu'il a immolé. Après avoir donné à sa
proie toute la souplesse qui lui est nécessaire, il continue de la presser pour

l'allonger, et il pétrit avec sa salive cet amas de chairs ramollies et d'os concassés. Quelquefois il ne peut en engloutir que la moitié; alors la dernière partie reste à découvert, jusqu'à ce que la première ait été digérée.

LE SERPENT.

(*Planche IX. Figure 2.*)

On donne le nom de Serpent à un ordre d'animaux reptiles (1), dont le corps couvert d'écailles est allongé, presque cylindrique et très-flexible. A les voir en repos on croirait qu'ils n'ont pas la faculté de se transporter d'un lieu à un autre; mais la nature leur en a fourni des moyens particuliers. Pour changer de place, ils appuient la partie antérieure de leur corps sur la terre, puis ils soulèvent la partie moyenne en avan-

(1) *Reptiles*, qui rampent au lieu de marcher.

çant la postérieure, et portent en avant
la partie antérieure après avoir abaissé
la partie intermédiaire. A l'aide de ces
mouvemens, l'animal marche et avance
sans jambes, comme il nage sans nageoires. Les Serpens sont du nombre de
ces animaux qui ont le sang presque
froid et la digestion fort lente. Ils peuvent vivre long – temps sans prendre
d'alimens, ainsi qu'on l'observe dans
les vipères et dans les couleuvres, déte-
nues sans vivres pendant six ou huit
mois dans des barils aérés. Combien de
fois n'a-t-on pas vu des grenouilles, des
souris peu endommagées dans l'estomac
de ces animaux, quoique avalées quelques jours auparavant! Il y a plusieurs
espèces de Serpens dont les petits éclosent dans le ventre de la mère, et naissent sans être renfermés dans un œuf.
On croirait que ces serpens seraient vivipares, si l'on ne savait que le fœtus
était dans un œuf avant sa naissance. Au

reste, il paraît que les Serpens venimeux naissent tout formés et vivans à
la manière des vivipares, et que ceux
qui ne le sont pas, naissent à la manière
des ovipares. Les Serpens ovipares ne
couvent pas leurs œufs, ils les déposent
dans des trous exposés au midi, ou voisins d'un four, ou dans des couches de
fumier, etc. Ces œufs éclosent lorsqu'ils
ont été échauffés par l'un de ces moyens:
ils n'ont point de coque, mais seulement une membrane flexible. Ces reptiles se dépouillent de leur première
peau au printemps et en automne. Cette
mue s'opère dans l'espace d'une nuit et
d'un jour. Leur voix est un sifflement
plus ou moins aigu.

LA VIPÈRE.

(*Planche IX. Figure* 3.)

Lᴀ Vipère est aussi faible et aussi innocente en apparence, que son venin est dangereux. Sa longueur totale est communément de deux pieds. Sa couleur est d'un gris cendré. Sur le dos s'étend une espèce de chaîne de taches noirâtres de forme irrégulière. Outre vingt - huit dents à la mâchoire supérieure et vingt - quatre à la mâchoire inférieure, elle a encore, de chaque côté de la mâchoire supérieure, une ou deux, quelquefois trois ou quatre dents longues, crochues et très-aiguës, qu'elle peut incliner ou redresser à volonté. Ces dents sont comme un canal par où passe, lorsqu'elle veut mordre, le venin qu'elle tient renfermé dans deux petites vessies, au-dessous de la mâchoire supérieure. Les morsures des Vipères sont plus

plus dangereuses suivant la chaleur de la saison, et l'état de l'animal plus ou moins irrité. Pour en arrêter les effets, il faut, si l'on n'a pas le courage de couper la partie mordue, la lier tout de suite après l'accident, pour arrêter la circulation du sang. La Vipère a les yeux vifs; et, comme si elle sentait la puissance redoutable de son venin, son regard paraît hardi. Quand on l'irrite, elle ouvre la gueule et darde sa langue avec tant de vitesse, qu'on s'imaginerait, à la voir étinceler, qu'elle est de feu. Les Vipères peuvent passer plusieurs mois sans manger. On les trouve, dans les grands froids, sous des tas de pierres, dans des trous de vieux murs, réunies plusieurs ensemble, et entortillées les unes aux autres. Elles changent de peau au commencement du printemps. Il est rare de les voir attaquer l'homme et les gros animaux, à moins qu'on ne les blesse ou qu'on ne les irrite. Leur vie

7

est si tenace, que plusieurs parties
de leur corps, tant intérieures qu'ex-
térieures, se meuvent encore et exer-
cent, pour ainsi dire, leurs fonctions
après qu'elles ont été séparées. Le
cœur même palpite long-temps après
avoir été arraché ; et les muscles des
mâchoires, quoique la tête ne tienne
plus au corps, conservent assez de
force, pour que la gueule s'ouvre
et se referme. On trouve des Vipères dans presque toutes les contrées
de l'ancien continent. Le Poitou est
l'endroit de la France qui en fournit le
plus. Excepté la tête, toutes les parties
du corps de cet animal sont employées
utilement en médecine, pour résister
au venin, pour purifier le sang, et pour
chasser les dartres rebelles. Comme elles
ne peuvent sauter, ni s'entortiller aussi
aisément que la plupart des autres serpens, les paysans emploient, pour les
prendre, une petite fourche, avec

laquelle ils soulèvent leur tête, puis ils les saisissent par la queue, et les mettent dans un sac. D'autres leur appuient sur la tête l'extrémité d'un bâton, et les mettent hors d'état de nuire, en leur coupant les dents avec un canif.

L'ANGUILLE.

(*Planche IX. Figure 4.*)

CE poisson, quoique habitant des eaux, peut vivre quelque temps sur terre. On prétend même qu'on en voit sortir quelquefois d'un étang pour chercher d'autres eaux. Les pêcheurs croient qu'elles naissent des perches, ables, éperlans, parce qu'ils ont pris pour des anguilles de petits vers que l'on trouve dans les ouïes de ces poissons. La nature suit toujours sa marche dans la multiplication des êtres. L'Anguille est vivipare ; les œufs qui naissent dans son corps, y éclosent, et les petits en sortent vivans.

Il ne paraît point que l'Anguille multiplie dans les étangs ; on est porté à
croire qu'elles vont frayer dans la mer,
d'où les petites anguilles remontent
ensuite dans les eaux douces. Il y a des
rivières où elles descendent à la fin de
l'été pour aller à la mer, et en remontent à la fin de l'hiver. L'Anguille habite
toujours le fond des eaux ; ce n'est qu'à
l'approche des orages qu'elle s'élève
jusqu'à la surface de l'eau pour respirer.

LA COULEUVRE DES DAMES.

(*Planche IX. Figure* 5.)

Ce joli petit animal est aussi intéressant par la délicatesse de ses proportions, que par la légèreté de ses mouvemens. Un beau noir et un blanc assez
pur sont les seules couleurs qu'il présente ; mais elles sont si avantageusement contrastées et si animées par le

luisant des écailles, qu'il serait difficile d'imaginer une parure plus agréable. Des anneaux noirs traversent le dessus du corps et de la queue, et en interrompent la blancheur. Ces bandes transversales s'étendent jusqu'aux plaques blanches qui revêtent le dessous du ventre. Leur largeur diminue à mesure qu'elles approchent du dessous du corps, et la plupart vont se réunir sous le ventre, à une raie noirâtre et longitudinale, qui occupe le milieu des grandes plaques. Cette raie, ainsi que les bandes transversales, sont irrégulières, et quelquefois un peu festonnées; mais cette irrégularité ne fait qu'ajouter à l'élégance, en augmentant la variété. Le dessus de sa tête présente un mélange gracieux de noir et de blanc, où cependant le noir domine. Les yeux sont très-petits, mais animés par la couleur noirâtre qui les entoure. La Couleuvre des dames est si familière, qu'elle n'éprouve pas la moindre crainte lorsqu'on l'approche. Sa petitesse, son peu de force, l'agrément de ses couleurs, la douceur de ses mouvemens, l'innocence de ses habitudes inspirent dans l'Inde un tel intérêt pour elle, que le sexe le plus timide, loin d'en avoir peur, la prend dans ses mains et la caresse.

LA COULEUVRE COMMUNE.
(*Planche IX. Figure* 6.)

CE reptile, aussi innocent que la vipère est dangereuse, est très-commun en France, surtout dans le Midi; il en peuple les bois et les divers endroits tempérés et humides. On ne l'a encore trouvée ni dans les régions chaudes, ni dans le nord de l'ancien continent, non plus qu'en Amérique.

Le dessus de son corps, depuis le museau jusqu'à l'extrémité de la queue,

est noir ou d'une couleur verdâtre très-
foncée, sur laquelle on voit s'étendre
d'un bout à l'autre un grand nombre
de raies composées de petites taches
jaunâtres de diverses figures, les unes
allongées, les autres en losange, etc.,
et un peu plus grandes vers les côtés
que vers le milieu du dos. Le ventre
est d'une couleur jaunâtre : chacune
des grandes plaques qui le couvrent,
présente un point noir à ses deux
bouts ; ce qui forme de chaque côté
une rangée symétrique.

Ce joli animal parvient ordinairement à la longueur de trois ou quatre
pieds. Dans tous les endroits où le froid
est rigoureux, il s'enfonce dès la fin de
l'automne dans des trous souterrains,
ou dans d'autres creux, où il s'en-
gourdit plus ou moins complètement.
Lorsque les beaux jours du printemps
reparaissent, il sort de sa torpeur et
se dépouille comme les autres serpens.

Cette Couleuvre cherche à fuir lorsqu'on l'approche. Non - seulement on
peut la saisir sans danger, puisqu'elle
n'a pas de poison, mais même sans
éprouver d'autre résistance que quelques efforts qu'elle fait pour s'échapper.
Bientôt on l'assujettit à prendre les différens mouvemens qu'on veut lui faire
suivre. Elle se laisse entortiller autour
des bras, tourner en différentes posi-
tions, sans donner aucun signe de mécontentement; elle paraît même avoir
du plaisir à jouer avec ses maîtres.
Comme sa douceur et son défaut de
venin ne sont pas encore aussi bien re-
connus qu'ils doivent l'être, des charlatans se servent de ce serpent pour
faire croire qu'ils ont le privilége de se
faire obéir par un animal que leurs
admirateurs ne regardent qu'en trem-
blant. Il faut cependant convenir qu'on
a vu des Couleuvres surprises par l'aspect subit de quelqu'un, se redresser

avec fierté, et faire entendre un sifflement de colère; mais dans ce moment même qu'aurait-on à craindre d'un animal sans venin, et dont les dents ne peuvent blesser que de petits lézards? C'est peut-être à cette espèce de Couleuvre qu'il faut rapporter le fait suivant, attesté par un naturaliste digne de foi. Cet observateur a vu une Couleuvre qu'il a appelée le serpent ordinaire de France, tellement affectionnée à la maîtresse qui la nourrissait, qu'elle se glissait souvent le long de ses bras pour la caresser, se cachait sous ses vêtemens, venait au moindre signal, reconnoissait jusqu'à sa manière de rire, et se tournait vers elle lorsqu'elle marchait, comme pour attendre son ordre.

7··

LE REQUIN.

(*Planche X. Figure* 1.)

LE Requin, ou mangeur d'hommes, a vingt ou vingt-quatre pieds de long, et huit ou dix de diamètre. Sa gueule est si large, qu'il peut avaler un homme d'un seul morceau ; on a même trouvé jusqu'à des chevaux entiers dans son estomac.

Voici une histoire assez singulière que l'on a racontée. En 1758, un matelot s'étant laissé tomber par hasard dans la mer Méditerranée, il se trouva un Requin tout prêt pour l'avaler, malgré ses cris. Mais à peine l'animal avait-il ce malheureux dans le ventre, que le capitaine du vaisseau fit pointer un canon sur lui, et le coup arriva si juste, que le Requin revomit à l'instant le matelot encore en vie, que l'on retira, et qui n'avait presque pas de mal.

Pl. 10.   *Page .118 .*

1, le Requin . 2, un Néx-ridé . 3, Porc-épic de Mer .
4, une Pipe . 5, le Poisson-boule . 6, l'Espadon .
7, l'Épée de mer. 8, le Chien de mer, 9, le Léxard volant .

La bête que l'on avait aussi pêchée après l'avoir achevée, fut suspendue sur ce vaisseau ; elle avait vingt pieds de longueur, et pesait trois mille deux cent vingt - quatre livres. Le capitaine le donna au matelot, qui le faisait voir pour de l'argent, et qui courait les pays avec ce monstre. La gueule du Requin est affreuse par sa grandeur et la multitude de ses dents, qui forment plusieurs rangées, et qui sont tranchantes comme un rasoir. Ces dents, lorsqu'elles viennent à manquer, sont remplacées par d'autres dents qui se redressent. Il s'attache souvent à la suite des vaisseaux pour se nourrir des immondices et des cadavres qu'on en jette à l'eau. Il y en a qui pèsent jusqu'à trente mille livres. A Nice, à Marseille, on a trouvé des hommes entiers et même tout armés dans l'estomac des Requins. La gueule du Requin s'ouvre largement, mais pour mordre aisément, il est

obligé de se mettre sur le côté, à cause
de sa mâchoire inférieure qui rentre en
dessous, ce qui lui fait souvent manquer
sa proie. Ce poisson est si goulu, et en
même temps si hardi, qu'il s'avance
quelquefois à sec sur le rivage pour dé-
vorer les passans. On retire par ébulli-
tion, de sa graisse et de son foie, une
grande quantité d'huile, que l'on conserve dans des barils. Sa chair, et surtout
celle des petits qu'on retire toute chaude
du ventre de la femelle, se mange sur
les ports.

C'est la nourriture des nègres, qui
la laissent faisander. La cervelle du
Requin, en poudre sèche, est apéritive.
Rôtie au feu, elle devient dure comme
une pierre. Sa peau, aussi rude qu'une
lime, est employée pour polir le bois,
et même le fer. On en couvre aussi des
étuis de lunettes, et autres petits ouvrages de gaînerie. On enchâsse ses dents
dans de l'argent, pour servir de hochet

aux enfans. Le peuple crédule les leur fait porter en amulettes, pour les préserver des maux de dents et de la peur. On en compose encore des poudres dentifrices.

LE NEZ-RIDÉ.

(*Planche X. Figure 2.*)

IL a la tête aplatie, huit dents à chaque mâchoire ; et au-dessus des nageoires de la poitrine, de longs trous pour respirer, situés dans une raie ou gouttière non recouverte. Sa peau, qui est comme du parchemin, est recouverte d'écailles. Il y en a huit espèces, qui toutes tirent leur noms de leurs excroissances connues, et qui se trouvent dans l'Océan, entre l'Afrique et l'Amérique. L'un des plus remarquables est le Nez-ridé, qui contracte son nez et sa lèvre supérieure, de manière qu'on lui voit à nu toute la mâchoire d'en haut , sa première mâchoire est comme rayonnante , et en forme de corne.

LE PORC-ÉPIC DE MER.
(*Planche X. Figure* 3.)

CE poisson des Indes occidentales , de différentes formes , rond comme un ballon , se nourrit de coquillages. Les épines dont il est armé , et qu'il baisse et élève à volonté , sont si piquantes , que lorsqu'il est pris à l'hameçon , on ne peut le saisir par aucune partie du corps , jusqu'à ce qu'il soit mort. Sa chair , en petite quantité , a le goût du veau ; les bourses pleines d'air qu'il a dans le ventre , servent à faire une colle la plus tenace possible.

LA PIPE.

(*Planche X. Figure 4.*)

C'est un poisson long et menu, qui
a ordinairement un pied de long, et
quelquefois un pied et demi, de la grosseur de deux doigts, et sans écailles. Il
se trouve dans les deux Indes.

LE POISSON-BOULE.

(*Planche X. Figure 5.*)

Il se trouve vers le cap de Bonne-
Espérance, et dans l'Amérique septen-
trionale. Au reste, il y en a de deux
espèces, le Porc-Epic de mer, qui est
de figure ovale, et le Poisson-Boule,
qui est tout rond, à peu de chose près,
et de la grosseur d'un gros ballon à
jouer.

L'ESPADON.

(*Planche X. Figure* 6.)

ESPADON, poisson à scie, épée de mer, héron de mer, poisson empereur, c'est une espèce de baleine. Sa scie est très – dure et très – forte, les piquans plats et tranchans. L'Espadon cherche et poursuit la baleine. Celle-ci d'un coup de queue l'écraserait, mais l'agilité de l'agresseur lui assure la victoire. Il s'élance sur son ennemie pour la scier. Ce combat cruel qui se passe au sein de la mer, est annoncé aux voyageurs effrayés par le fracas épouvantable que fait la queue de la baleine, et par le sang qui s'élève eu bouillonnant à la surface des flots. Les nègres respectent ce poisson. Ils mettent sa scie au rang de leurs dieux.

L'ÉPÉE DE MER.

(*Planche X. Figure* 7.)

ON l'appelle aussi poisson empereur.
Ce poisson porte à la tête une arme
osseuse qui a la forme d'une lame d'é-
pée, longue de quatre, cinq et six
pieds, et large d'un demi-pied, qui lui
sert pour l'attaque et pour la défense.
Il se nourrit de plantes marines et d'a-
nimaux marins. Il se trouve surtout
dans les mers du Nord, à la suite des
baleines dont il est un ennemi mortel et
dangereux, puisqu'il leur enlève quelquefois des pièces de chair considérables, et qu'il les tue à coups de poignard.
Souvent les Epées de mer s'assemblent
en nombre pour attaquer la baleine, et
quelque grosse qu'elle soit, ils en viennent à bout; ils trouvent même le moyen
de lui entrer dans la gueule et de lui
couper la langue, qui n'est presque

qu'une énorme pièce de lard, qu'ils mangent avidement. C'est un animal fort audacieux, qui se révolte même contre l'homme, et qui s'en fait craindre. On le prend au harpon comme la baleine. Il s'en trouve de fort gros, qui ont dix-huit à vingt pieds de long, et pèsent des deux cents livres. Sa chair est bonne à manger.

LE CHIEN DE MER.

(*Planche X. Figure* 8.)

Ce vivipare, auquel on donne encore le nom de Phocas ou Phoque, de Veau marin et de Robbe, se trouve dans les mers du Nord, et dans les lacs de ces contrées froides, tant en Amérique, qu'en Europe, en Asie, comme en Islande, Groënland, Spitzberg, Kamtschatka, dans la mer Baltique, sur les côtes de la Norwège, de Hollande, d'Angleterre, de France, etc. Quelquefois aussi on en trouve d'égarés dans les grands fleuves et dans les lacs qui en sont formés. Le Chien de mer a depuis quatre pieds jusqu'à huit de long, et de deux jusqu'à quatre de haut. Il a la tête grosse, de longues moustaches de poils roides, disposées comme celles du chat, avec de semblables soies sur le nez et sur les yeux, à quelque différence près, selon les espèces; les yeux gros; les oreilles sans bouts ou pendans; la queue courte; les jambes et les pieds d'une figure toute particulière; enfin, tout le corps revêtu de poils courts et roides, tantôt d'un gris blanc, tantôt d'un gris noir, ou bigarrés de noir et de blanc. Ces animaux ne mangent presque que du poisson, et surtout des harengs, et ils vivent environ vingt-cinq ans. La femelle fait tous les ans une portée d'un ou deux petits. Quant à la forme tout-à-fait singulière des pattes du Chien de mer, elle est telle qu'il ne peut s'en

servir , et qu'il paraît toujours estropié.
Il est obligé de se traîner presque comme
un vermisseau , ou de ramper avec ses
pattes de devant , comme si on lui avait
rompu celles de derrière. A proprement
parler, il n'a point de jambes , mais seulement quelque chose d'approchant ; les
pattes de devant sont un peu plus longues que celles de derrière , tortues ,
courbées en arrière , munies de cinq
doigts , avec de gros ongles pointus ,
presque semblables à celles des oies , ou
plutôt des taupes. Celles de derrière sont
aussi tortues et armées d'ongles , mais
tellement recourbées en arrière, qu'elles
semblent se confondre avec sa queue fourchue ; de plus elles sont palmées pour la
nage. Enfin , tout son attirail de jambes
est si singulier , qu'à ne le voir qu'en
peinture , on croirait qu'il n'en a point
du tout , et qu'en effet on a pris ce
qui le représentait pour la figure d'un
paquet de nageoires tronquées , du

moins celles de devant; et celles de
derrière, pour une partie de la queue.
On croirait encore qu'un animal si peu
fait pour marcher, soit sur la glace,
soit sur la terre ou le sable, ne peut
vivre que dans la mer; cependant il ne
laisse pas de passer hors de l'eau, c'est-
à-dire sur la terre ou sur la glace, la
plus grande partie de l'été, n'allant à
l'eau que pour chercher de la proie. Sa
femelle met bas à terre, et y élève
même ses petits. A l'aide de ses ongles
crochus, il peut grimper sur le haut
des rochers et des montagnes de glace,
où il se repose et dort : puis quand il
veut descendre, il se lance à l'eau du
sommet de ces hauteurs, ou s'y laisse
tomber. Ce que l'on croirait encore
moins, et qui n'est pas moins vrai cependant, c'est que, tout estropié qu'il
paraît, il ne laisse pas de sauter et de
ramper assez vite sur la glace, pour
que le Groënlandais le plus alerte ait

beaucoup de peine à l'atteindre. Au reste, ces peuples en tirent beaucoup d'avantages; ils en mangent la chair et la graisse, et se vêtent de la peau. Les Esquimaux en font de même, aussi bien que d'autres nations sauvages de ces contrées. Cette chair est rouge, tendre, succulente, grasse, et se mange tant fraîche que fumée.

On mange de même le lard, qui a deux ou trois doigts d'épais, ou l'on en brûle une partie dans les lampes en guise d'huile. Enfin l'on emploie la peau à faire des habits, des camisoles, des bonnets, des culottes, des bottes, des souliers, des courroies, des cordes, des outres, et même à faire de petits canots nommés cayaques, ou du moins à les vêtir par dehors et par dedans. Ces peuples en recouvrent aussi leurs cabanes d'été, et en vendent une infinité aux Européens, qui à leur tour s'en servent pour recouvrir des coffres

et des malles , à faire des garnitures de
bonnets, des tabatières. Les Phocas sont
pour les peuples indigens du nord , une
ressource si nécessaire , que s'ils en
étaient privés , il faudrait qu'ils péris-
sent de faim et de froid. Aussi ces animaux utiles sont-ils extrêmement mul-
tipliés. Outre les milliers nombreux
qu'en tuent les Islandais, les Groënlandais, les Esquimaux et les Kamts-
chadales , combien n'en assomment pas
encore les Norwégiens , les Russes , les
Suédois , les Danois, les Hollandais ,
les Hambourgeois , les Anglais , et les
autres peuples qui vont à la pêche de
la baleine, et qui , lorsqu'ils n'en trouvent point , s'en vengent sur la race des
Phoques , en faisant une guerre peu
glorieuse à ces animaux lourds et sans
défense ! On peut compter qu'il s'en
tue au moins cent cinquante mille tous
les ans. Le plus souvent on les surprend
endormis sur la glace , et l'on a le

temps d'en tuer des centaines , avant que
les autres songent à s'éveiller ; tant ils
dorment profondément , sans souci ,
sans inquiétude , sans avoir même le
soin de se garder en plaçant des sentinelles. Cependant ils mordent cruelle-
ment quand ils peuvent attraper les
jambes ou les mains de quelqu'un ; mais
on ne les laisse pas approcher de si
près , de façon qu'ils sont réduits à se
jeter sur des bâtons qu'ils coupent souvent en deux , quoique gros comme
le bras. Du reste , ils font un bruit
affreux , les gros aboyant comme des
chiens enroués , et les jeunes miaulant
comme des chats. Il suffit de leur appli-
quer quelques coups sur le nez pour
les faire tomber morts ou à demi-morts,
et sur-le-champ on les égorge, on les
écorche, on leur coupe le lard , on en
remplit des tonnes que l'on emporte
pour le faire fondre, et en faire de
l'huile de poisson. Ils ont la vie si dure ,
que

que souvent lorsqu'ils sont déjà écorchés tout-à-fait ou à demi, ou avec le crâne brisé, ils se débattent encore, font des sauts considérables, et veulent mordre les gens. Les nations européennes que nous avons nommées, mettent en mer tous les ans plusieurs bâtimens pour aller à cette chasse; et comme le bâton est le principal instrument qu'on y emploie, on leur donne dans leur langue le nom d'assommeurs de Phoques. L'huile que l'on tire de ces animaux a le goût et les qualités de la vieille huile d'olive; mais on dit que celle des jeunes n'a ni odeur ni goût fort, de sorte qu'elle est aussi bonne que l'huile d'olive fraîche.

LE LÉZARD VOLANT.

(*Planche X. Figure* 9.)

On les a nommés quelquefois dragons volans et serpens volans. Mais il n'y a

pas plus de serpens volans que de serpens naturellement cornus, ou encore
de serpens à deux têtes ; quoiqu'il y en
ait une espèce dont la queue est grosse
et renflée au lieu d'être pointue, et qui
marche en avant et en arrière à volonté.
Les dragons volans ne sont que des
lézards qui ont des espèces d'ailes à peu
près comme les chauve - souris, au
moyen desquelles ils peuvent sauter
lestement d'un arbre sur un autre, et
de terre sur les arbres; mais non pas
voler aussi librement que les oiseaux ,
et se mouvoir comme eux dans l'atmos-
phère : ce qui a suffi cependant pour
leur faire donner le nom de Lézards
volans. Ils se trouvent dans l'Afrique et
dans les Indes , n'ont tout au plus que
la longueur du doigt , ressemblent
presque en tout aux Lézards ordinaires ,
et mangent des mouches et d'autres
petits insectes. Quelques personnes ont
eu autrefois la simplicité de croire qu'il

Pl. 11.

Page. 135.

1, le Paon. 2, le Coq d'Inde. 3, le Coq domestique.
4, le Coq de Mer. 5, le Pélican. 6, la Huppé.

y avait de certains animaux hideux,
dont le corps ressemblait aux Lézards,
avec une queue de serpent, une grosse
tête, une large gueule, deux pieds, et
deux ailes avec lesquelles ils volaient en
liberté. On leur donnait la longueur
de vingt à quarante pieds, quelquefois
sep têtes montées sur sept cous fort
longs. De plus ils passaient pour des animaux cruels et terribles.

LE PAON.

(Planche XI. Figure 1.)

Ce bel oiseau joint à l'élégance de sa
taille et à la richesse de son pennage,
une démarche grave, majestueuse. Fier
de sa brillante parure, il porte sa tête
avec dignité, et lorsqu'il voit les yeux
tournés sur lui, il semble enfler d'or-
gueil. C'est alors qu'il étale avec pompe,
en forme d'éventail, les plumes de sa

queue, dont les compartimens d'or et, d'azur, les yeux, les nuances frappées des rayons du soleil, font un spectacle éblouissant. C'est sous cet aspect éclatant qu'il se présente aux yeux de sa femelle. Celle-ci n'est pas à beaucoup près si riche en couleurs. Ces oiseaux, dit-on, nous viennent des Indes. Ils étaient si rares autrefois, qu'on n'en voyait que chez les princes. Ils se sont bien naturalisés dans nos climats. Devenus nos oiseaux domestiques, ils sont, comme les oies, des sentinelles vigilantes. Leur cri triste et désagréable fait oublier la beauté de leurs plumes. Le Paon vit d'orges et autres graines. Aussi lubrique que le coq, il peut fournir à six femelles. Celles-ci pondent six œufs à la première couvée, et douze aux autres. Les petits sont difficiles à élever. Les Paons, à l'aide de leurs grandes ailes, se perchent sur les arbres et sur les toits, dégradent les tuiles, et causent du dégât dans les jardins. Les Pàons blancs sont fort communs dans les pays du nord. Celui du Japon est d'une rare beauté. Dans le royaume d'Angola, les plumes de Paon servent à faire les parasols et enseignes du roi. Les Paons du royaume de Cambaye sont farouches, et fuient dans les broussailles à l'approche du chasseur. La nuit ils se perchent sur les arbres. Pour les prendre, on se sert d'une bannière où sont représentés des Paons ; au haut du bâton sont des chandelles allumées ; on approche de l'endroit où repose le Paon. Celui-ci, surpris par la lumière, allonge le cou jusque sur le bâton, et se prend ainsi dans un nœud coulant que tire celui qui tient la bannière. En général, la chair du Paon est sèche, dure et de difficile digestion.

LE COQ D'INDE.

(*Planche XI. Figure* 2.)

CET oiseau transporté des Indes occidentales, s'est naturalisé dans nos climats, supporte assez bien le froid et les frimas, surtout l'espèce à plumes grisâtres. C'est dans l'hiver qu'il engraisse. Pour les rendre plus robustes et endurcis au froid, on assure qu'il faut les plonger dans l'eau à l'instant de leur naissance. La femelle, nommée Dinde, ou poule-d'Inde, pond à la fin de l'hiver, et à la fin de l'été, quinze œufs chaque fois, et peut en couver vingt-cinq à la fois. Les Dindonneaux sont délicats à élever. Leur première nourriture consiste dans du pain avec du vin ou du cidre. Plus forts, on leur donne une pâte de farine et d'orties hachées. Au bout d'un mois ils sont en état d'aller aux champs. Le Dindon a besoin de boire, surtout dans les grandes chaleurs. La couleur rouge, dit-on, le fait entrer en fureur. Lorsqu'il mange, sa roupie se racourcit. On le voit quelquefois se pavaner en étalant sa queue en forme de roue, d'où est venu le proverbe trivial : fier comme un Coq-d'Inde. Les Dindons s'engraissent avec la pâtée d'orties, de son et d'œufs. Les habitans de la Louisiane vont à la chasse des Dindons sauvages, dans les champs couverts d'orties. Lorsqu'ils sont poursuivis de trop près, ils se perchent sur les arbres voisins. S'ils échappent à la gueule du chien, ils ne sont pas à l'abri du fusil du chasseur, qui peut les tuer l'un après l'autre sans qu'ils s'envolent. Le plumage de cet oiseau est assez beau. Les naturels du pays prennent les longues plumes de la queue pour faire des parasols et des éventails. Les petites plumes sont employées à faire des mantes d'hiver.

LE COQ DOMESTIQUE.

(*Planche XI. Figure* 3.)

Sa contenance est fière, sa démarche grave, son naturel hardi, courageux, son tempérament chaud, vigoureux. Son chant est l'horloge de la campagne jour et nuit. Sa voix se tire du bas de la trachée–artère. La poule est sa femelle. Les combats des Coqs sont un spectacle chéri de plusieurs nations. En Angleterre, il se fait à cette occasion un grand concours de spectateurs. Il s'y fait de fortes gageures. On a vu de ces Coqs combattre courageusement jusqu'à la mort, plutôt que de survivre à une honteuse défaite. Les Anglais ont une espèce de Coqs appelés de Vendhover, qu'ils dressent à la chasse comme des oiseaux de proie. Le Coq de Hambourg, aussi nommé culotte de velours, est

une très-belle espèce. On voit quelquefois dans les cabinets, des Coqs monstrueux par leur forme singulière. La
corne qu'on remarque sur la tête de
quelques-uns, n'est pas toujours naturelle ; c'est le produit d'un petit arti-
fice, qui consiste à couper la crête du
jeune Coq à un travers de doigt des os
du crâne, et à insérer dans cette ouver-
ture un petit ergot de poulet. Cette
espèce de greffe réussit à merveille en
peu de temps. Le Coq de Bentame est
si brave, qu'il se bat contre les chats
et les chiens. Le Coq de bois ou de
bruyère est un animal très-paisible. Il
ne vit que de fruits et d'œufs de fourmis.
Libre, indépendant, il aime les lieux
écartés, un peu marécageux ; affec-
tionne spécialement un pin ou un chêne
qu'il ne quitte guère. Il y trouve sa
retraite et sa nourriture. Quoiqu'il ait
l'ouïe très-subtile, cependant lorsqu'il
chante, il n'entend ni le mouvement

du chasseur, ni le coup de fusil qui le menace de la mort.

LE COQ-DE-MER.

(*Planche XI. Figure* 4.)

IL a les nageoires pectorales d'une grandeur extraordinaire, qui lui donnent le moyen de s'en servir comme d'ailes pour s'élancer hors de l'eau et voler dans l'air. Cependant dès que ses ailes cessent d'être humides, il est obligé de replonger malgré lui, sauf à lui de ressortir quand il a mouillé ses nageoires volantes. Mais ce n'est point par goût ni par plaisir qu'il quitte quelquefois l'élément humide; il faut qu'il se voie poursuivi de trop près par ses ennemis qui sont en grand nombre. Dans la mer Méditerranée, dans les mers des Indes, de la Chine, de l'Amérique, vers le cap de Bonne-Espérance,

on voit quelquefois plusieurs centaines
de poissons volans s'élancer à la fois
hors des eaux, voltiger quelque temps
çà et là, puis retomber dans la mer.
Mais ils ne fuient un danger que pour
tomber dans un autre : ils ont des
ennemis partout ; les hommes et les
oiseaux de proie les attendent et fon-
dent sur eux au sortir de la mer ; et à
leur rentrée, ils tombent dans la gueule
des poissons voraces qui ont suivi leur
vol et les guettent aussi. Ils ont communément un pied et demi de long, et un
demi-pied de large ; mais il y en a de
plusieurs espèces : celui qui est ici re-
présenté est le Coq-de-mer qui a la
tête grosse et armée d'un casque, et trois
allonges en forme de doigts au poitrail ;
le Coq-cuirassé, qui a le corps en forme
de bouclier, et un museau fourchu ; le
Roucouleur, qui, lorsqu'il est pris,
imite le chant du pigeon ; le Coucou-
de-mer, qui imite aussi le chant de

l'oiseau de ce nom; le Flambeau-de-
mer, qui a le dedans de la bouche du
plus beau rouge, et qui, lorsqu'il
l'ouvre pendant la nuit, donne une vive
lumière, etc.

LE PÉLICAN.

(*Planche XI. Figure* 5.)

GRAND-GOSIER, Onocrotale, oiseau
d'Afrique et d'Amérique. Triste, mé-
lancolique, lent à se remuer ; à l'aide
de ses grandes ailes, il s'élève dans les
airs, au point de ne pas paraître plus
gros qu'une hirondelle. Sa voix imite
celle de l'âne. On l'apprivoise aisément.
L'empereur Maximilien en avait un qui
l'accompagnait, même à l'armée. Ce
Pélican a vécu vingt-quatre ans. Le
sommeil et la pêche partagent la vie de
cet oiseau paresseux. Il passe presque
tout le jour à dormir, perché sur des
branches

branches d'arbre, la tête appuyée sur
son long et large bec, qui porte sur
d'autres branches; éveillé par le besoin,
il prend son essor, vole très-haut. S'il
aperçoit du poisson vers le bord des
rivières et de la mer, il tombe à corps
perdu. Ce mouvement, joint à l'agitation des ailes, étourdit le poisson qui se
laisse prendre. La pression du demi-bec
supérieur fait élargir les deux branches
du demi-bec inférieur. Le poisson est
reçu dans une large poche que la nature a placée sous la gorge du Pélican.
C'est dans cet havre-sac que l'animal fait
sa provision de vivres pour lui et ses
petits. La femelle pond quatre ou cinq
œufs sur terre, quelquefois à quarante
lieues de la mer. On prétend qu'il y en a
une espèce dans le royaume de Loango
en Afrique, qui se saigne pour nourrir
ses petits. La chair du Pélican est dure
et de mauvais goût. Les Nègres d'Angola
et de Congo se font des pièces d'estomac

avec son plumage. La mécanique et la forme du bec de cet oiseau est surtout digne d'attention. Le Pélican qui parut à Paris en 1750, avait un bec si large, que la tête d'un homme y entrait aisément.

LA HUPPE.

(*Planche XI. Figure 6.*)

Puput, bécasse d'arbre, coq merdeux ou puant. Cet oiseau, commun en Alsace et en quelques endroits de l'Europe, lève et baisse sa crête à volonté, se retire au fond des bois, se nourrit de chenilles, de vers, de scarabées, fait son nid dans le creux des arbres, l'enduit tout au tour d'excrémens humains, y pond quatre œufs, et cherche, à l'approche de l'hiver, un climat plus chaud. La Huppe marche de mauvaise grâce, et pose souvent à terre. Son vol est bas

1. un Aigle noir commun. 2. un Rhinocéros oiseau.
3. un Vautour moine. 4. un moyen Duc. 5. un Bec en croix.
6. un Casoar. 7. une Cigogne. 8. une Outarde.
9. un Mangeur de poivre. 10 Oiseau du Paradis.

et léger. Son cri est *pulpul*, et s'entend de loin. Elle est peu farouche, facile à apprivoiser. Devenue plus familière, elle fait dans l'intérieur des maisons la chasse aux mouches et aux souris. Elle aime le feu, se couche à terre devant le foyer, étend ses ailes et fait jouer sa crète. Sa chair n'est pas de fort bon goût. La Huppe de montagne est un oiseau solitaire qui se nourrit de cigales, de grenouilles et d'insectes. On admire beaucoup le plumage des Huppes des Indes orientales, qui se nourrissant d'un fruit du Pinéabsou. L'oiseau huppé ou couronné du Mexique n'est qu'une espèce de Huppe.

L'AIGLE NOIR COMMUN.
(*Planche XII. Figure* 1.)

L'AIGLE noir commun, beaucoup plus petit que l'aigle doré, se trouve en Europe et dans l'Amérique septen-

trionale, où il fait sa pâture des lièvres,
des oiseaux, des poissons, des serpens.
Il niche sur le sommet des grands arbres
situés au bord des fleuves, et y élève
tous les ans deux ou trois petits qu'il
garde avec lui jusqu'à ce qu'ils aient
appris le métier, à l'effet de quoi il ne
manque pas de les mener assidûment à
la chasse.

LE RHINOCÉROS-OISEAU.

(*Planche XII. Figure* 2.)

Il n'est qu'à peine de la grosseur du
pigeon, mais son bec est long d'une
palme, épais et large, et muni à la
partie supérieure d'une corne presque
aussi grande, recourbée en avant. Il se
trouve dans l'Inde, et vit de charognes.

LE VAUTOUR-MOINE.

(*Planche XII. Figure* 3.)

On compte jusqu'à onze espèces différentes de ces oiseaux de proie. On en
voit dans presque toutes les parties du
monde. Ils habitent de préférence les
montagnes. Leur caractère féroce et
carnassier se reconnaît à la forme de
leurs ongles acérés. Ils font leur nid
dans les lieux solitaires, sur les arbres
les plus élevés des forêts, poursuivent
leur proie au vol et à la course, se
nourrissent de sang et de carnage. L'an-
cienne pharmacie comptait au nombre
de ses remèdes plusieurs parties de ces
oiseaux, surtout leur fiente; mais la
sage expérience a abandonné ces fausses
richesses, ainsi que bien d'autres de
même genre.

Le Roi-des-Vautours est le plus beau
de tous. Il est de la grosseur d'un aigle,

a la tête chauve, le cou de même, avec un collier au bas, formé par de longues plumes grises; il a le poitrail sale, le dos et les ailes d'un blanc rougeâtre; le bec, le cou, les jambes et les doigts sont rouges. Il ne se trouve que dans l'Amérique méridionale. On l'a aussi appelé Vautour-Moine, parce que son collier est assez ample pour qu'il puisse y retirer son cou et une partie de sa tête, qui semble alors être dans un capuchon.

LE MOYEN DUC.

(*Planche XII. Figure 4.*)

Oiseau de proie qui ne vole que la nuit. On en distingue trois espèces, le grand Duc, le moyen Duc, et le petit Duc. Le premier, appelé aussi Chathuant à cause de son cri plaintif, est l'ennemi des corneilles; il leur fait la

chasse la nuit , adroitement et sans
bruit, ainsi qu'aux petits quadrupèdes
et aux oiseaux. Les rochers , les sombres cavernes des montagnes , les édifices ruinés , les toits des greniers , les
creux des arbres , forment sa résidence
ordinaire : il y pond et couve ses œufs ,
il y élève ses petits. Le moyen Duc , ou
Chat-Huant cornu , Hibou cornu , ainsi
nommé à cause de ses oreilles , est aussi
un grand chasseur. Le petit Duc ne
diffère du grand que par la petitesse ;
du reste , mêmes habitudes , mêmes
inclinations. En Italie , l'on s'en sert
pour attirer les oiseaux , qui se rendent en foule sur un arbre voisin , et
lui font la guerre , ce qui procure la
faculté de les tirer ou de les prendre ,
soit au filet , soit à la glu.

LE BEC-EN-CROIX.

(*Planche XII. Figure* 5.)

Cet oiseau singulier n'est pas plus gros que l'alouette ; son plumage est d'un gris rougeâtre, et celui de la femelle d'un gris jaunâtre. Ce qui le distingue de tous les autres oiseaux, c'est la forme de son bec, dont les bouts sont courbés en croix, ou en sens contraire, forme dont il tire parti pour extraire l'amande des pommes de pin et de sapin, dont il est très-friand. Aussi se tient-il dans les bois de sapin, où il fait son nid, sur les plus épais, de mousse et de petits branchages, qu'il colle ensemble avec la résine de ces arbres, et qu'il assujettit avec la même matière, de façon que les vents ne peuvent le déranger. Il chante assez bien, et imite les manières du perroquet quand on le tient en cage.

LE CASSOAR.

(*Planche XII. Figure 6.*)

Ce bipède est plus petit que l'autruche, mais néanmoins fort grand. Il est noir, et a sur la tête une espèce de coiffe ou de casque osseux recouvert d'une peau brune, une espèce de collier entremêlé de rouge et de bleu, et trois doigts aux pieds. On le trouve dans les îles de Banda, de Java et de Sumatra. Il mange tout ce que mange l'autruche, et pond des œufs d'un gris verdâtre, garnis de mamelons verts, et qui ne sont pas si gros que ceux de l'autruche, mais plus longs. Il a les ailes extrêmement petites, point de queue du tout, et peut encore moins voler que l'autruche.

LA CIGOGNE.

(*Planche XII. Figure* 7.)

ELLE fait son aire à découvert sur le haut des tours, des grands arbres, des églises et autres édifices fort élevés : le vent, la pluie, la grêle, la foudre même, rien ne l'inquiète. Il est vrai que quand il pleut trop fort, ou qu'il grêle beaucoup, ils restent tous les deux au nid, ou du moins la femelle, qui couvre ses petits de ses ailes. Ces oiseaux semblent aimer les contrées où le tonnerre est fréquent. Au milieu du plus terrible orage, on voit la famille rassemblée sur le haut de quelque église ou vieille tour, le père et la mère à côté l'un de l'autre, et les petits à l'entour au nombre de trois ou quatre : le père ou la mère se détache tout à coup et disparaît ; puis revient l'instant d'après avec un serpent dans son bec, qu'il distribue à sa famille , et tous font claquer le bec de joie pour un si bon régal. La Cigogne est à peu près de la grosseur de l'oie : son plumage est blanc , à l'exception d'un peu de noir à la queue et aux ailes. Elle a les jambes fort longues, de même que le bec , et rôde sans cesse dans les marais où elle prend des serpens, des poissons , des grenouilles , et toutes sortes d'autres petits animaux. C'est un oiseau de passage dont les pays chauds sont la patrie , mais qui vient visiter les nôtres au printemps, fait sa ponte chez nous , et s'en retourne en septembre avec ses petits déjà forts.

Comme la Cigogne ne fait point de dommage, et, au contraire , sert à détruire les animaux nuisibles , tels que les espèces venimeuses de serpens, on a toujours eu pour elle beaucoup d'égards. Il y a même des endroits où cette considération s'est portée à un degré excessif

dans l'esprit du peuple, qui s'est imaginé que les Cigognes portaient bonheur
à la maison sur laquelle elles s'arrê-
taient ; de sorte qu'il regarde comme un
crime de leur faire du mal. On va
même jusqu'à leur préparer des nids
sur le haut des toits ; et l'on a grand
soin de les tenir en bon état, pour les
y attirer d'une année à l'autre. Et en
effet, quand les Cigognes reviennent au
printemps, chacune cherche son ancien
nid, et si elle le retrouve, surtout en
bon état, elle ne fait que le nettoyer,
puis elle y fait sa ponte. Mais si son nid
ne subsiste plus, ou s'il n'est plus en
état de lui servir, elle va dans le premier bois prochain, et ramasse de
menus branchages souples, dont elle
s'en construit un à neuf. Au reste, je
crois qu'on ne pousse plus la simplicité
jusqu'à croire que la Cigogne préserve
d'incendie la maison sur laquelle son
nid se trouve, ou même l'arrête, si le

feu vient à y prendre. Il y a une espèce
de Cigogne noire, qui est un peu plus
petite que la blanche, et ne se trouve
qu'en Europe dans les forêts épaisses,
au voisinage des marais, où elle cherche la même pâture que l'autre. Klein
rapporte que l'on pêcha un jour dans
la mer Baltique et dans les lacs du
Nord des Cigognes qui semblaient être
mortes, mais qui ayant été portées dans
un endroit chaud, se trouvèrent en
pleine vie, et mangèrent avidement ce
qu'on leur jeta. Fulgose dit aussi, que
des pêcheurs anglais tirèrent d'un marais
avec leurs filets, au lieu de poissons,
une troupe de Cigognes, dont chacune
avait son bec fiché dans le derrière
de l'autre, de façon qu'elles faisaient
comme un chapelet. Ces deux exemples
pourraient faire soupçonner que les Cigognes passent l'hiver chez nous, en-
gourdies dans l'eau, comme font plusieurs hirondelles.

L'OUTARDE.

(*Planche XII. Figure 8.*)

CES oiseaux vivent en troupe pendant l'hiver, se nourrissent de grains, de fruits, d'insectes. Lorsqu'ils sont à terre en bandes, il y en a toujours un qui fait sentinelle. Du plus loin qu'il aperçoit quelqu'un, il avertit les autres par un cri. La troupe s'élève de terre très-difficilement. On en attrape souvent avec les lévriers, qui les saisissent quelquefois au vol, à moitié élevés. On voit beaucoup de ces oiseaux aux environs de Châlons-sur-Marne, et en Poitou. Les sociétés se désunissent au printemps.

La femelle pond sur terre deux œufs blancs, marqués de deux taches rouges au gros bout. On prétend que la femelle transporte ses œufs sous ses ailes, lorsqu'elle soupçonne qu'on veut les lui enlever. On élève des Outardes dans des basses-cours. La chair en est assez bonne.

LE MANGEUR DE POIVRE.

(*Planche XII. Figure* 9.)

Cet oiseau a le bec d'une grosseur extraordinaire, fort épais à la base, et s'amincissant peu à peu vers la pointe qui est courbe et aiguë, creux en dedans et dentelé par dehors, enfin de la longueur d'un doigt, quoique l'oiseau soit à peine de la grosseur d'un pigeon. Il se trouve dans le Brésil, et il mange avidement le fruit du poivrier.

OISEAU DE PARADIS.

(*Planche XII. Figure* 10.)

Cet oiseau est intéressant par sa forme et la beauté de son plumage. On

le trouve aux îles Moluques, aux Indes.
Il vole avec la vivacité de l'hirondelle :
aussi l'a-t-on nommé l'hirondelle de
Ternate. Ces oiseaux, amis entre eux,
volent en troupe. On prétend que,
sujets dociles, on les voit suivre leur
roi dans leur vol; toutes leurs démar-
ches sont réglées sur la sienne. Si un
chasseur le tue, il se rend maître de
presque toute la troupe : elle ne fuit
plus, et périt sous les traits qu'on lui
lance. On voit dans les cabinets beaucoup de ces oiseaux qui n'ont point de
pattes ; les Indiens les coupent, font
avec ces oiseaux desséchés, tels qu'on
les voit, des éventails ou des panaches
dont ils ornent leurs casques.

LE CHARDONNERET.

Ce petit oiseau, impatient et vif, a les
caprices qui trop souvent accompagnent
le talent. Son plumage varié est d'un

bel effet, et on ne peut lui refuser un rang distingué parmi les musiciens champêtres. On l'élève souvent avec les serins, mais il se fait un malin plaisir de troubler la paix de leur ménage. Il se nourrit de chenevis et de plantes à duvet. Il se plaît surtout à éplucher les aigrettes du chardon, ce qui lui a fait donner le nom qu'il porte. C'est dans les vergers qu'il construit son nid. Les matériaux de ce petit édifice sont des mousses, des lichens, des aigrettes, des plantes composées. La femelle fait deux portées par an. Malgré son caractère léger et frivole, on apprivoise le Chardonneret, et on lui apprend à siffler ou à parler. Sa tête est d'un beau rouge, il a une plaque jaune sur les ailes.

LE MOINEAU.

Il a le corps mélangé de gris et de noir, et sur l'aile une raie blanche.

Parasite aussi vorace qu'incommode, il ne quitte pas nos habitations, et préfère même les villes aux campagnes. Il ramasse le grain, le pain : tout lui est bon. En vain cherche-t-on à se débarrasser d'un hôte si importun. Si on détruit son nid, il en a bientôt construit un autre ; si l'on brise ses œufs, la femelle en pond aussitôt de nouveaux. Trop effronté pour se piquer des rebuts qu'il éprouve, trop rusé pour se laisser prendre aux piéges qu'on lui tend, il est impossible de s'en défaire. Souvent il fait dans les trous des vieux murs, un nid découvert : mais s'il le place sur un arbre, il y ajoute une calotte pour le défendre de la pluie. Il y a plusieurs pays où la tête de ce petit voleur est mise à prix. Les Moineaux se réunissent souvent en troupes nombreuses.

L'HIRONDELLE.

Cet oiseau est noir et marqué d'une tache blanche sur les ailes ; il est très-commun. Il fait dans nos cheminées, et jusque dans l'intérieur de nos maisons, un nid fortement maçonné avec de la terre mêlée d'herbe et de bourre. Vers la mauvaise saison, les Hirondelles se réunissent et vont chercher ensemble des climats plus doux. L'Hirondelle rase la terre en volant, quand il doit pleuvoir, pour saisir les petits insectes dont elle nous débarrasse. Ceux qui la détruisent joignent donc l'injustice à la cruauté.

LE ROSSIGNOL.

Cet oiseau dont le corps est petit et le bec allongé, a le gosier d'un jaune orangé. L'étendue, la variété et la volubilité de son ramage l'ont rendu justement célèbre. C'est au printemps qu'il chante le mieux. Sa femelle se fait un nid dans les broussailles. Dès que ses petits sont éclos, le mâle suspend ses chants, et ne s'occupe plus que de partager avec elle le soin de les nourrir. Il les instruit ensuite dans son art, et ils deviennent bientôt aussi habiles que leur maître. C'est surtout la nuit, dans les bois solitaires et sombres, que le Rossignol aime à faire entendre ses chants, qui font le charme des ames sensibles et des cœurs mélancoliques. On le prend au miroir et au filet; sa chair est bonne à manger.

LA FAUVETTE.

Son plumage, mêlé de gris et de roussâtre, n'a rien de remarquable; mais si elle n'a pas la beauté du rossignol, elle l'égale presque par son ramage, et elle y joint une aimable vivacité. Elle niche ordinairement dans les champs de légumes, et elle prend le plus grand soin de ses petits.

LE ROITELET.

C'EST le plus petit et le plus joli des oiseaux que nous avons en France. Sa couleur est brunâtre. Une tache aurore qu'il porte sur le front, lui a fait donner son nom ; mais il peut abdiquer aisément son titre : cette tache n'a nullement la forme d'une couronne. Il se nourrit de très-petits insectes et de graines. Sa vivacité est extrême, et il est dans un mouvement continuel.

L'ALOUETTE.

CE passereau a le corps roussâtre, les pattes et le bec noirs, la langue fourchue. On l'élève dans des cages, à cause de sa facilité à imiter le chant

des autres oiseaux , et elle s'apprivoise
aisément. La femelle cache son nid , e
elle a pour ses petits un soin extrême
Le vol de l'Alouette est remarquable
Elle s'élève , à plusieurs reprises , tou
jours perpendiculairemen t, à perte d
vue , et elle ne cesse pendant ce temps-
là de chanter. C'est l'Alouette que l'on
chasse et que l'on vend pour la table ,
sous le nom de *Mauviette.*

LE PIGEON.

Les narines de cet oiseau sont à
demi couvertes d'une membrane molle
et gonflée. Le corps est ordinairement
cendré. Sa queue blanche est rayée de
noir à son extrémité. On connaît un
grand nombre de variétés de cette espèce , qui diffèrent beaucoup les unes
des autres. En général , le Pigeon aime
la société : c'est le symbole de l'amitié
constante.

La femelle pond deux œufs qu'elle couve pendant le jour; le mâle vient prendre sa place vers le soir pour lui donner quelque repos. Si le retour de l'un d'eux a trop tardé, l'autre, alarmé par sa tendresse, va le chercher, et le ramène sans plainte et sans reproche. Quand les *Pigeonneaux* sont éclos, le mâle dégorge la nourriture qu'il apporte, dans le bec de la colombe, et elle la transmet de même à ses petits. On élève les Pigeons dans des volières fermées, appelées *colombiers*. Leur chair est excellente, et leur fiente fertilise la terre.

LE CYGNE.

Il est d'une blancheur éclatante, et son bec est d'un beau noir. Il fait l'ornement de nos bassins et de nos canaux, où il se promène majestueusement, en allongeant et retirant son long cou , qui forme différens replis pour saisir les petits poissons , les vers et les insectes aquatiques. On lui construit , près des eaux , de petites cabanes pour l'abriter. La femelle fait pour ses œufs un nid d'herbes , et elle les couve pendant six semaines. Le Cygne vit long-temps. Les anciens ont beaucoup vanté le chant qu'il fait entendre , disent-ils , au moment de sa mort. Cependant , le Cygne domestique, est muet , et le cri du Cygne sauvage n'a rien d'agréable. La chair des jeunes Cygnes était autrefois fort estimée ; on n'en fait plus guère d'usage. Ses plumes s'emploient comme celles des autres palmipèdes. La peau de son ventre sert à faire des fourrures et des houppes.

FIN.

TABLE.

TABLE
ALPHABÉTIQUE

DES QUADRUPÈDES, DES REPTILES, DES POISSONS ET DES OISEAUX, CONTENUS DANS CET OUVRAGE.

A.

B.

C.

10

D.

E.

V.

FIN DE LA TABLE.

AVIS AU RELIEUR,

Pour placer les figures.

---

www.ingramcontent.com/pod-product-compliance
Lightning Source LLC
Chambersburg PA
CBHW060536210326
41519CB00014B/3238